JN070963

食と健康から洞窟、温泉、宇宙まで

人に話したくなる土壌微生物の世界

染谷 孝［著］

築地書館

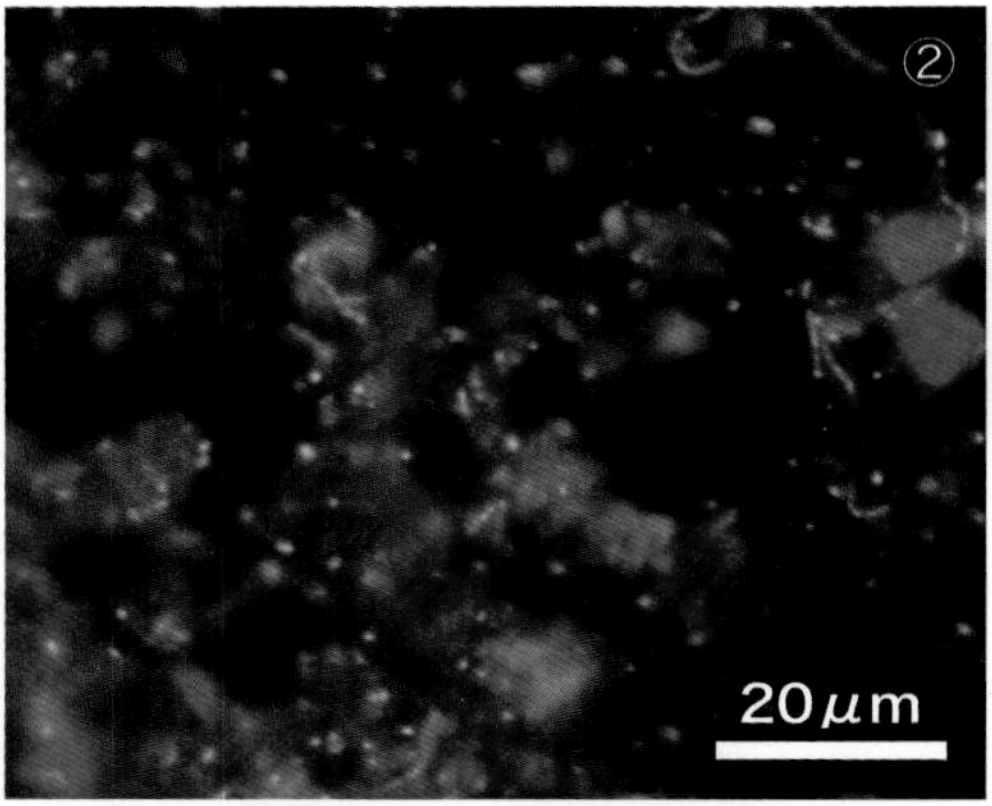

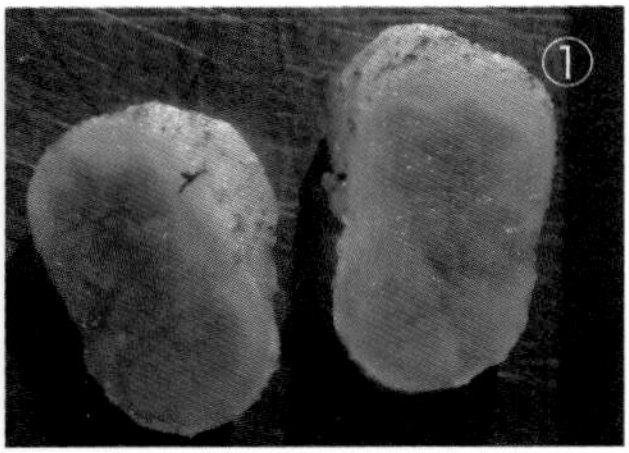

①ダイズの根粒を輪切りにしたもの
赤い色は有効根粒である証拠。
② EB 法で染色された水田土壌中の細菌
③ CFDA 法で染色された水田土壌中の生きた細菌
④土壌中の脱窒菌
青白い粒子が細菌で、赤い縁取りが脱窒遺伝子の存在を示す。つまり赤く縁取られた青白い粒子が脱窒菌。
⑤ある微生物資材の EB/CFDA 二重蛍光染色像
大部分がオレンジ色の細胞、つまり死菌であることがわかる。緑色が生きている細菌。

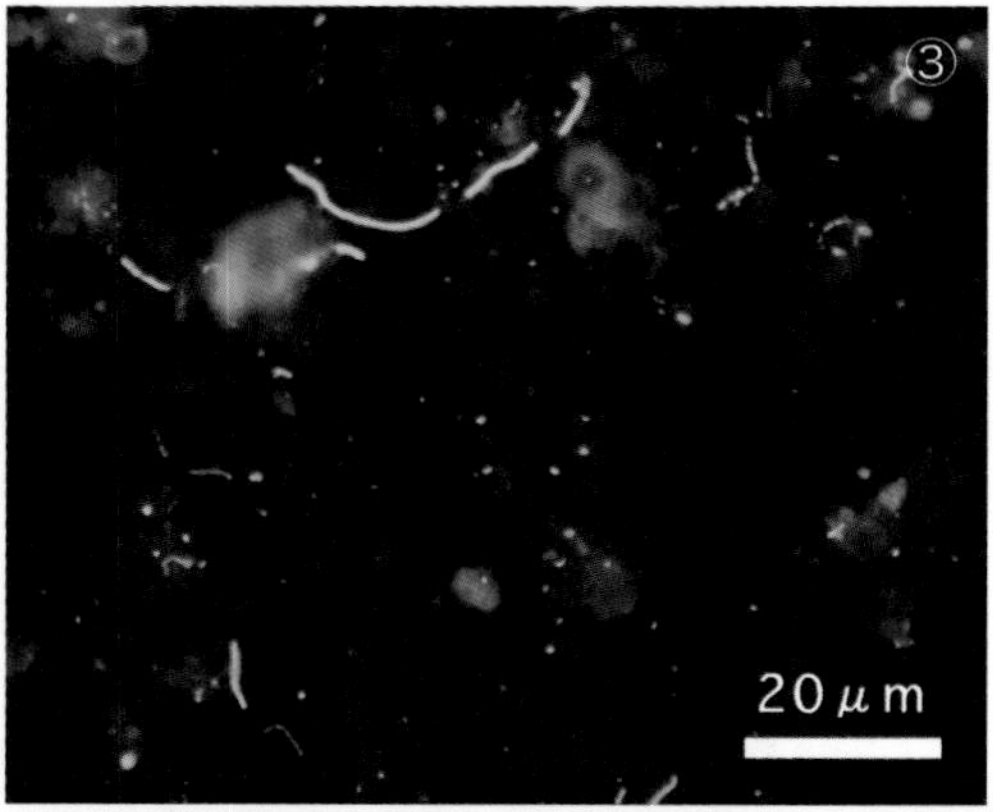

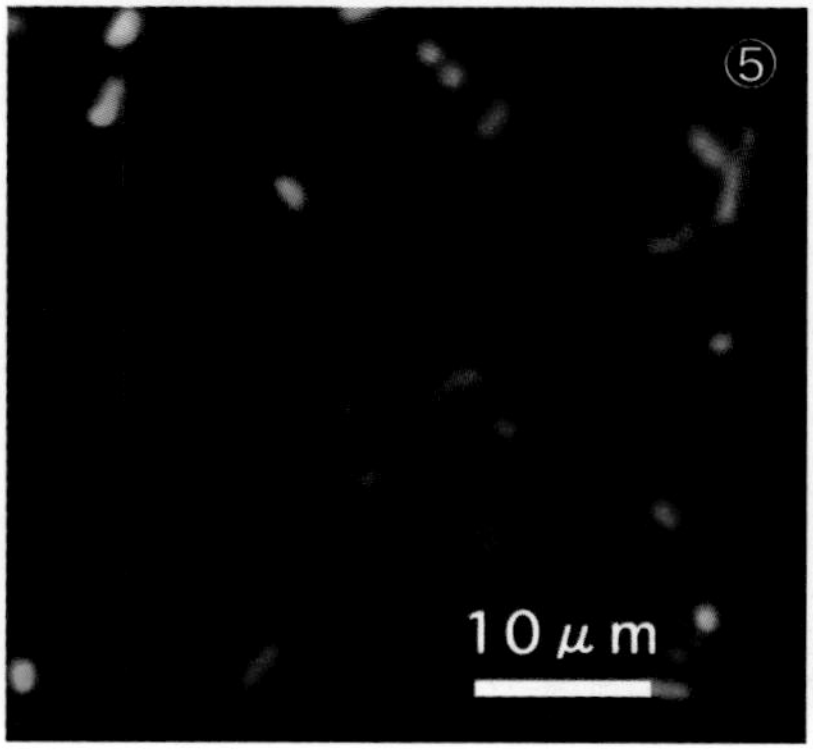

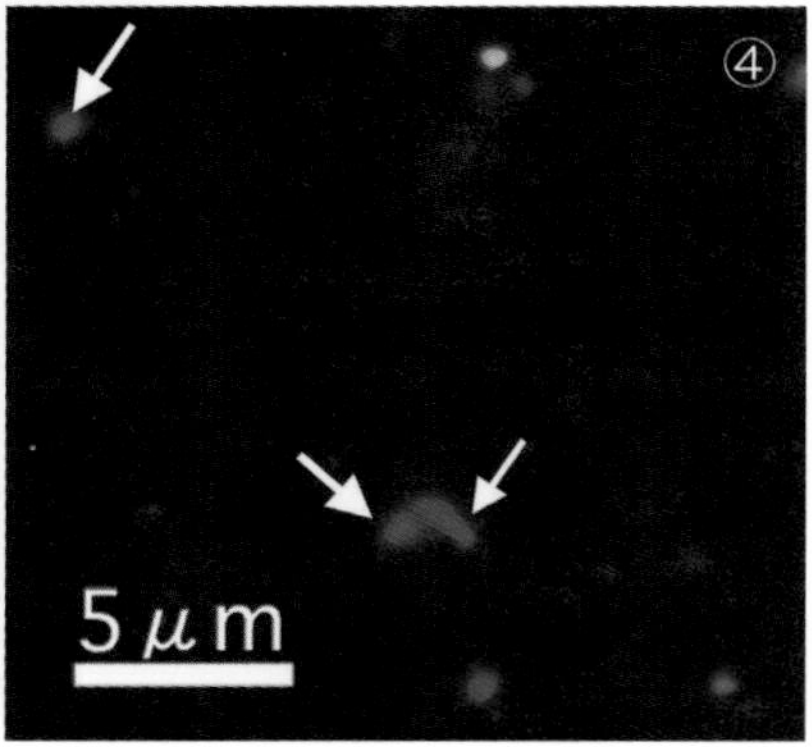

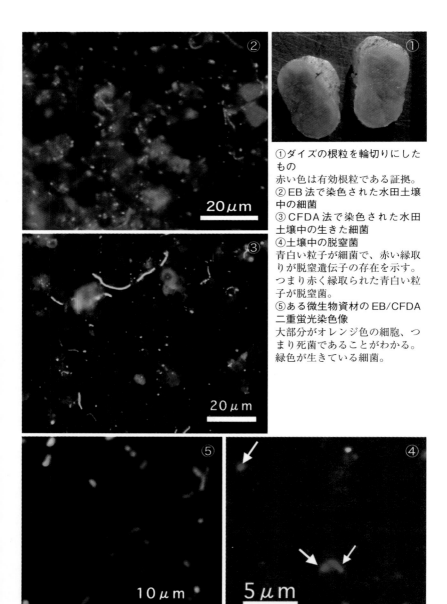

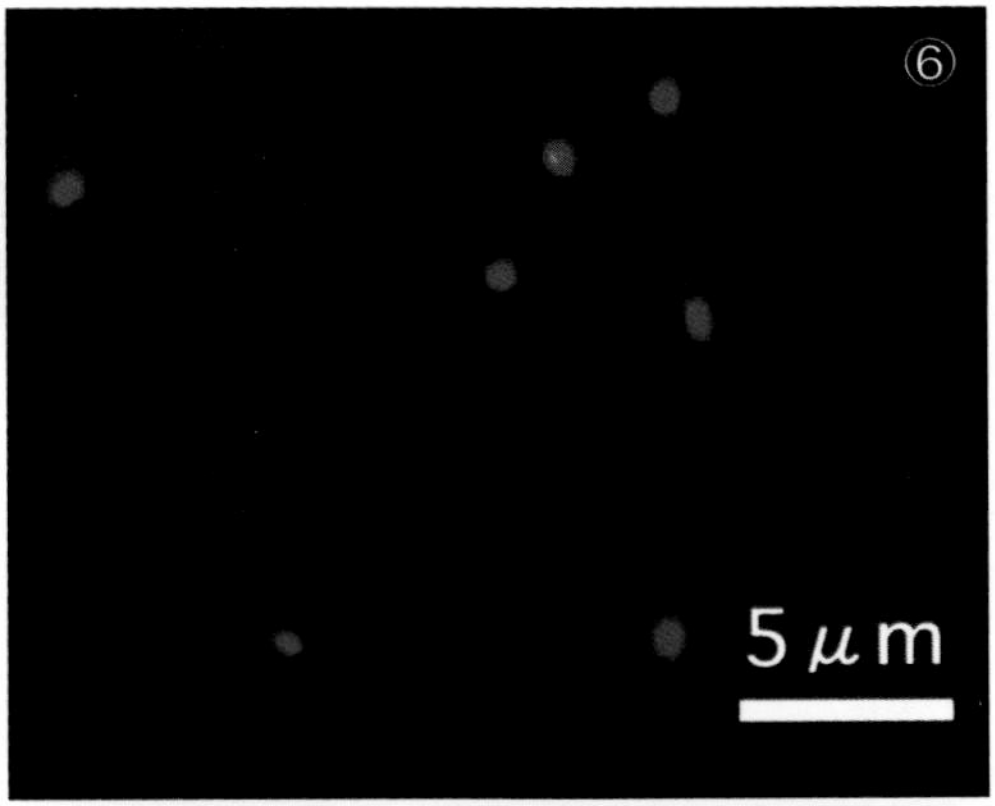

⑥紅色非イオウ細菌（赤菌）の蛍光顕微鏡像
バクテリオクロロフィルは自家蛍光物質なので染色なしで蛍光を発するため、判定が容易。
⑦赤菌の培養液
簡単な道具と培地で自家製造（培養）できるため、農家に広まっている。
⑧メタン発酵槽内のメタン生成菌（蛍光顕微鏡像）
メタン生成菌は自家蛍光物質を持つため、無染色でも青白い蛍光を発する。しかも活性が高くなるほど、輝きが増す。
⑨土壌中の炭疽菌の蛍光染色像（矢印）
炭疽菌特有の遺伝子を染めるFISHという手法を用い、赤色に染めている。青白い粒子は土壌常在菌。
⑩大腸菌O157の蛍光染色像
菌体が青白く染まり、赤色部分は毒素遺伝子の存在を示す。

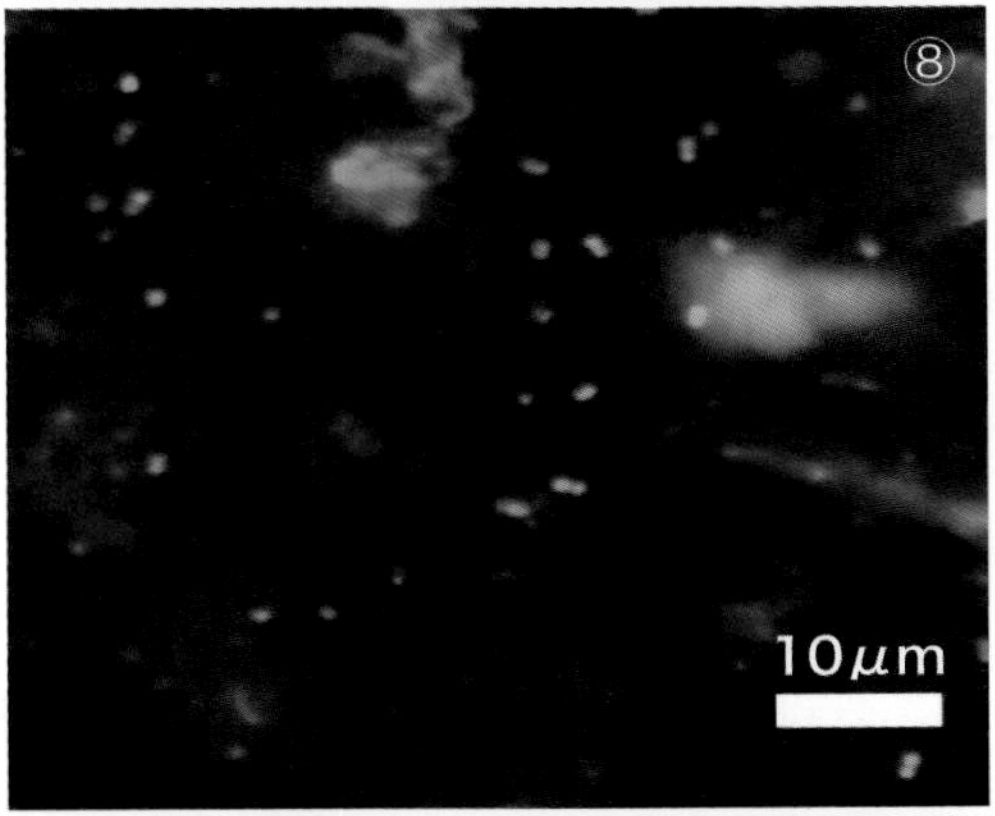

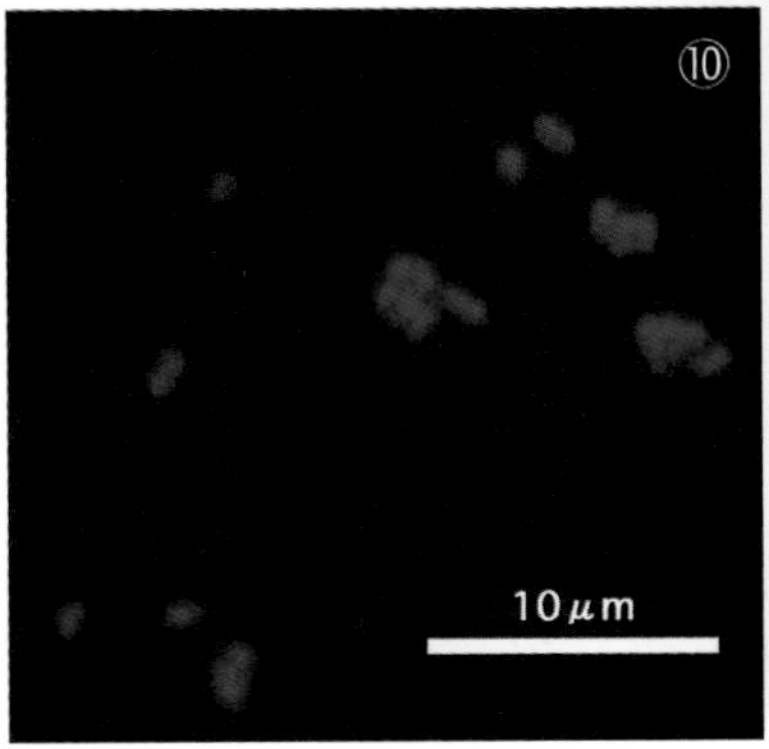

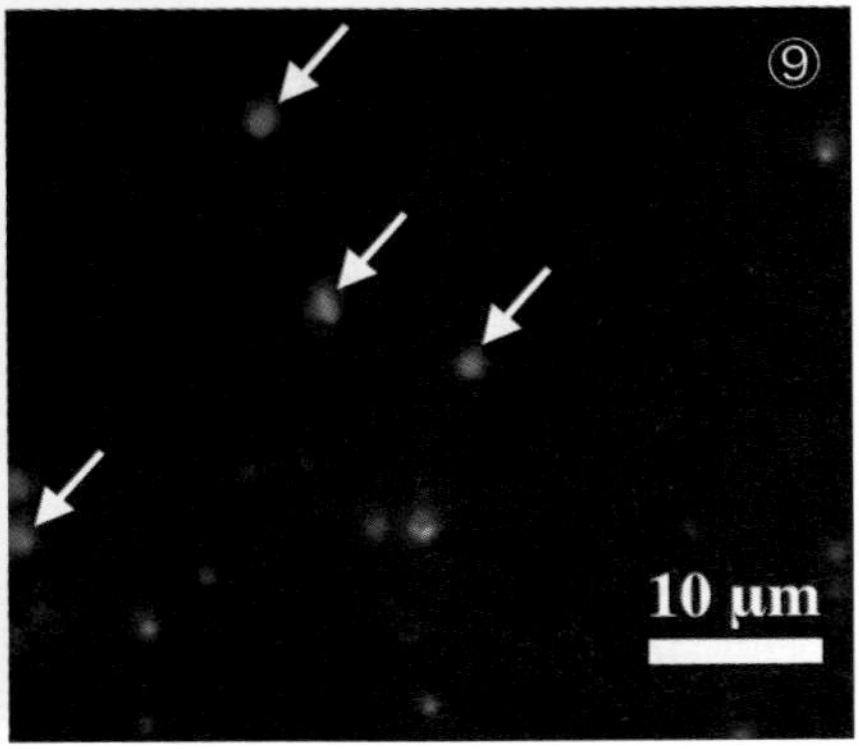

⑪牛ふん堆肥中の微生物の顕微鏡像（EB/CFDA二重蛍光染色法）
生きた菌が黄緑色に、死菌が赤色に染まっている。薄い赤色のモヤモヤは堆肥中の有機物。
⑫⑬硫黄芝の顕微鏡写真
⑫は普通の光学顕微鏡で観察したもので何かよくわからないが、⑬の蛍光顕微鏡像（同じ視野）では多数の細菌（イオウ酸化細菌）の集合体でできていることがわかる。

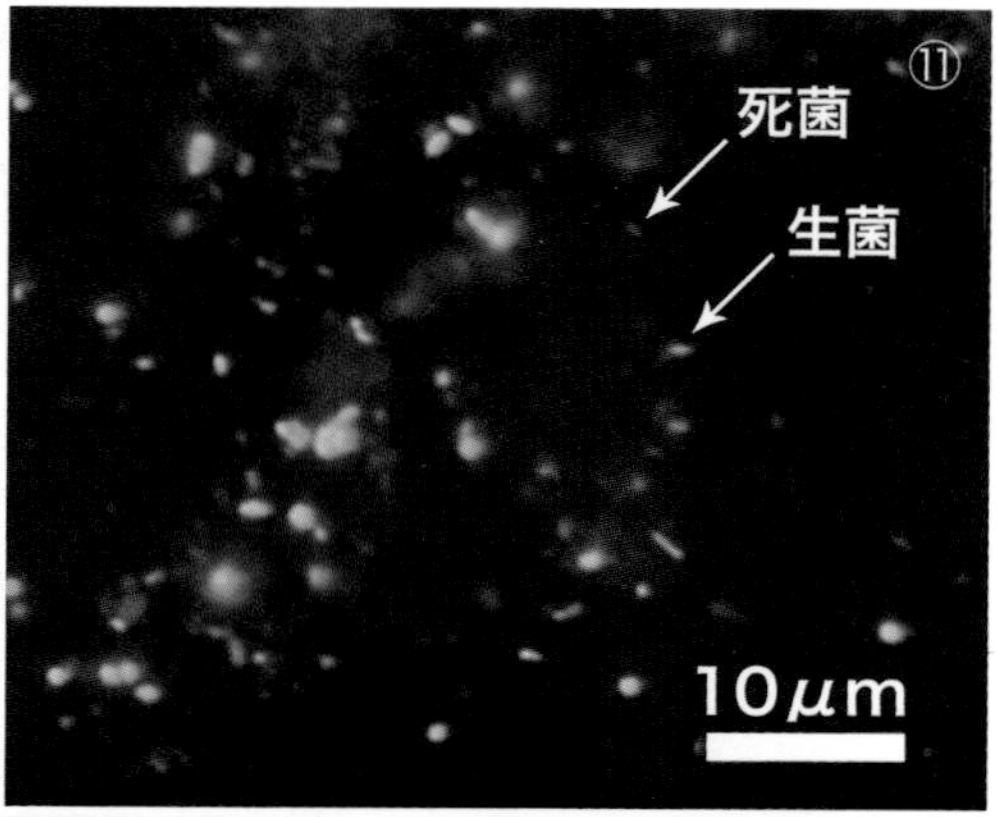

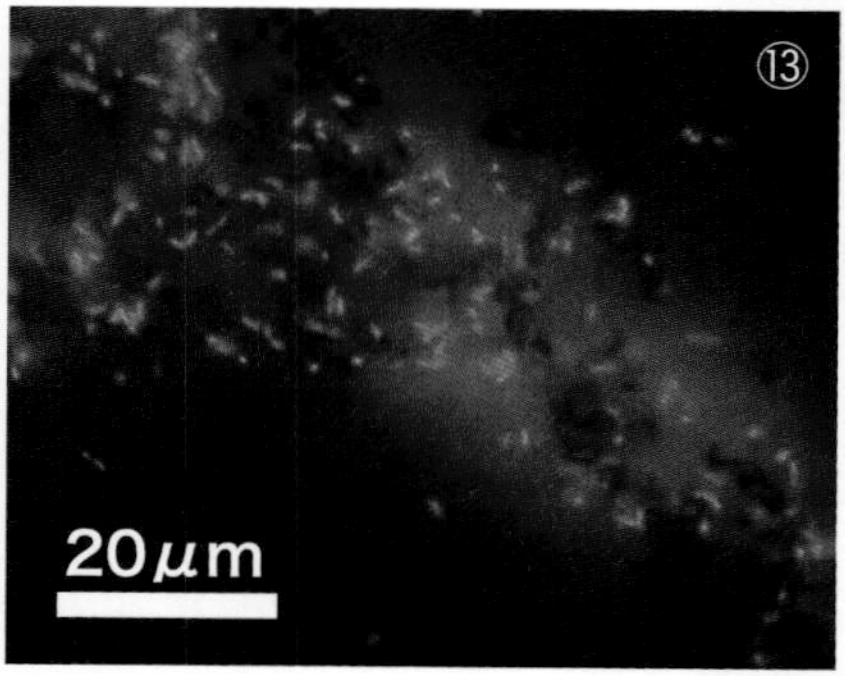

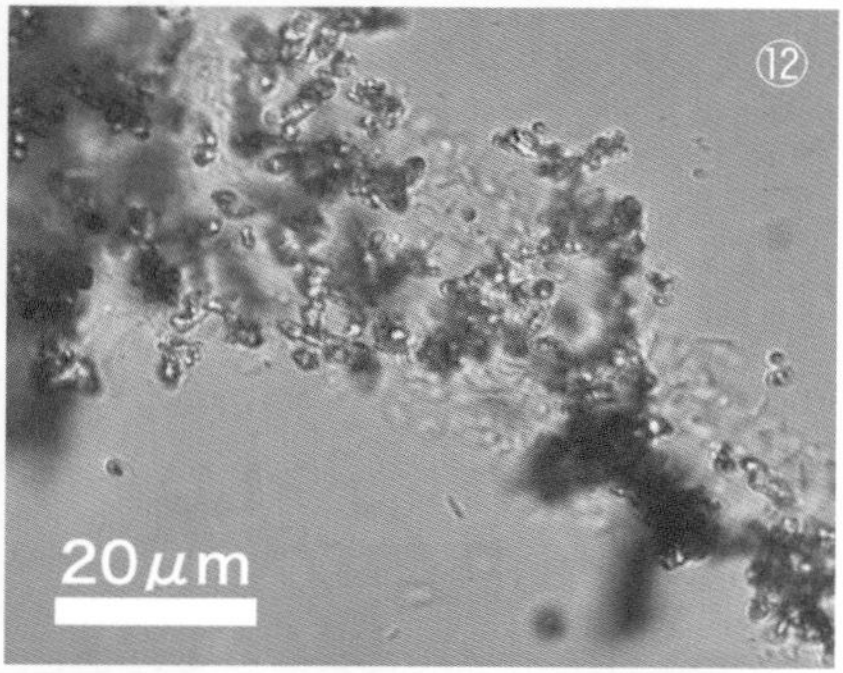

⑭イオワールド かごしま水族館のサツマハオリムシ
赤い部分はヒトのヘモグロビンに似た物質で、体内に共生するイオウ酸化細菌に酸素や硫化水素を送る役割を持つ。

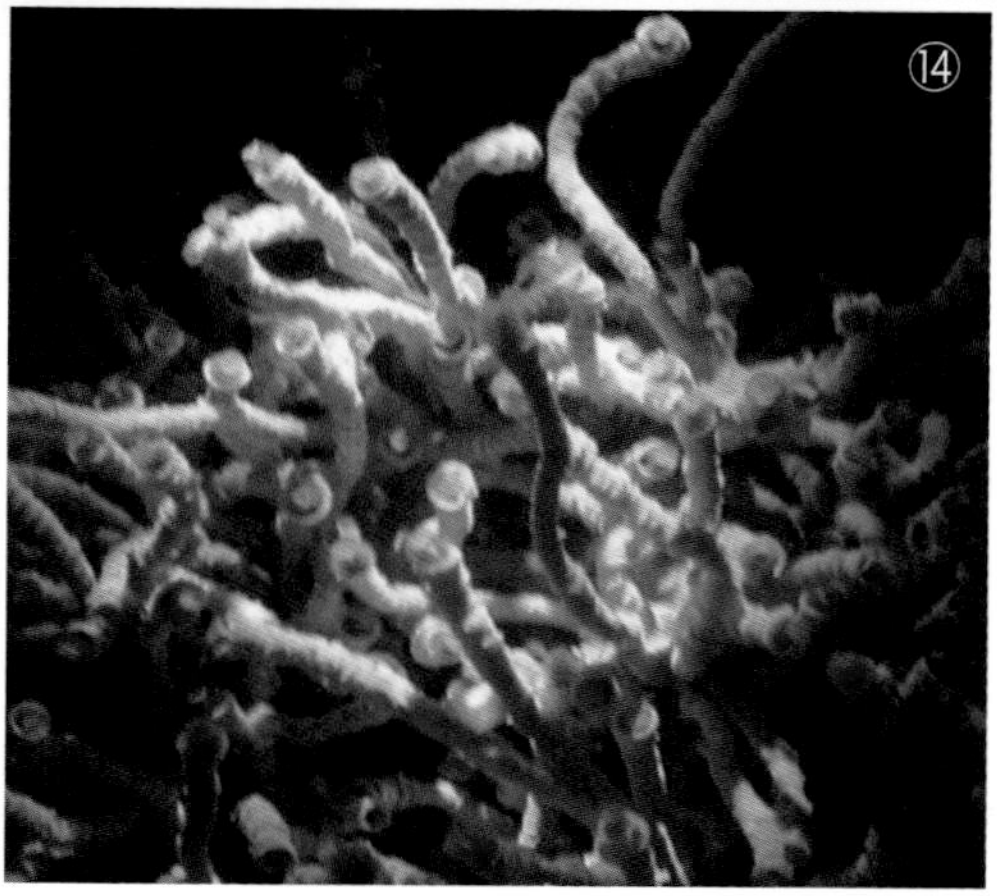

はじめに

私たちの生活は微生物と関わりのあるもので満ちあふれています。納豆、ヨーグルト、キムチなどの発酵食品や、味噌、醤油、コチュジャンなどの発酵調味料、さらにビール、ワイン、清酒などの発酵酒も微生物の働きで作られています。ヨーグルトは乳酸菌、ビールやワインは酵母菌、納豆はもちろん納豆菌によるものです。ぬか漬けやキムチは乳酸菌と酵母菌の共同作業で、清酒に至っては、コウジカビ、酵母菌、乳酸菌という三種類もの微生物を駆使して造られる、世界でも珍しい高度な製法による発酵酒です。

一方、土の中の微生物も、植物の発育を支えたり土作りに貢献したり有害物質を分解浄化したりして、人の生活や農業に深い関わりを持っています。もちろん、植物病原菌という悪玉菌もいますが、それをやっつける善玉菌もちゃんと土の中に棲みついています。

このような土の中の微生物の働きは、すでに一九三〇年代頃には概要が明らかになっていましたが、じつはそれは全体のごく一部に過ぎないということが、一九八〇年代以降、急速に解明されてきました。これは遺伝子を調べる技術と蛍光染色という二つの科学的手法の発達のおかげです。

その結果、じつは土の中で活動する微生物のごく一部しか認識できていなかったということがわかってきたのです。いわば私たちは、土の微生物の一％しか知らなかったのです。そして今、日本はもとより世界中の土壌微生物の研究者たちが、残りの九九％を解明しようと最新の分析技術を駆使してしのぎを削っています。その結果見えてきた土の微生物の世界は、とても巧妙で魅力的なものです。植物の発育を支える土、その土を豊かにする微生物、植物や動物を人知れず助ける微生物、有害物質を分解浄化する微生物、洞窟の中で不思議な鉱物を作る微生物、そのあれこれを本書でご紹介します。

さて一方で、微生物の様々な能力に対する人々の期待につけ込んだような、あやしげな微生物技術や商品も横行しています（第３章）。福島第一原子力発電所事故の数ヶ月後、福島県内では「土壌に散布混合すると放射性元素を分解して放射線量が下がる」という微生物製剤が出回りました。そんなことは科学的にあり得ないのですが、人の心の弱みにつけ込むような「スーパー微生物」の売り込みはよくあります。本物と偽物の見分け方も同章で扱います。

本書は体系的に構成していますが、内容的には各項目でほぼ独立していますので、どこから読んでいただいてもかまいません。

なお本書は、筆者が大学で教えていた「土壌学」「土壌微生物学」や市民対象の講演会の内容に基づいて、新聞や雑誌に書いた解説記事も加味してまとめ直したものです。中身は大学レベルですが、読みやすくなるよう心がけました。元ネタは九〇分×三〇回分の量がありますす。盛り込めなかった分もありますが、それはまた別の機会に。

もくじ

はじめに　1

第1章　未知の世界がいま明らかに――人と微生物との関わり　9

身近な微生物　9
微生物の発見　11
病原菌の発見　13
土壌微生物学のはじまり　14
土壌微生物学の新時代　16

第2章 土と微生物　18

田んぼでは連作障害が起きない!?——持続的農業と微生物の関係　18
九九%は未知——土壌微生物　21
反芻動物と微生物——共生微生物1　23
根粒菌の働き——土壌微生物2　26
菌根菌、キノコが山を緑に?——共生微生物3　29
大気を作った微生物——シアノバクテリア　32
世界遺産を蝕む微生物　35
虫眼鏡で見る土の微生物　39
蛍光顕微鏡で見るミクロの世界　42
培養できない細菌の謎を解く　44
肥料を逃す脱窒菌　47
硝化菌——農地では悪玉菌、水環境では善玉菌　49
硫酸還元菌——水田の悪玉菌　51

第3章　善玉菌を活用する——微生物資材　55

様々な微生物資材——効果は本当にある？　55
乳酸菌の農業への応用——害虫防除に効く？　59
植物生育促進微生物——期待される微生物資材1　62
光合成細菌——期待される微生物資材2　64
家畜ふんや生ごみからエネルギー　66

第4章　環境を浄化する微生物　70

石油を分解する微生物　70
バイレメは安価　74
農薬や有機溶剤を分解する微生物　77

第5章　土の中の病原菌　84

土からやってきた病原菌——温泉に潜む危険　84
ボツリヌス菌——新技術が生んだ災厄　87
食中毒菌はどこから来る？　89

第6章 堆肥と微生物　93

堆肥とは？　93
堆肥の科学　95
いい堆肥、悪い堆肥とは？　101
いろいろな堆肥を使い分ける　105
堆肥の善玉菌——放線菌とバチルス　107
病害抑制効果　110
段ボールコンポスト——家庭で作る生ごみ堆肥　112
みんなで作る生ごみ堆肥　122
地域の生ごみ堆肥化施設——先駆者はちがめプラン　130
大学による支援　137

第7章 洞窟の微生物 143

洞窟はなぜできた？ 143
観光洞で見る微生物の働き 146
トウファ——シアノバクテリアが作る鉱物 150
ムーンミルク——未解明の柔らかい鍾乳石 154
イオウ酸化細菌——石膏を作り、巨大洞窟を作る!? 156

第8章 土壌から宇宙へ 160

温泉の微生物——最初の生物の子孫？ 160
地殻の微生物——解き明かされるか、地底世界 163
生命の起源と地球外生命体発見の可能性 166

おわりに 171
参考文献 176
索引 189

第1章 未知の世界がいま明らかに——人と微生物との関わり

身近な微生物

微生物には、細菌（バクテリア）、菌類、原生動物などが含まれます。細菌は大きさが一マイクロメートル（一ミリの一〇〇〇分の一）くらいの単細胞生物です。菌類は糸状菌（カビ）や酵母菌、キノコを指します。原生動物はアメーバや繊毛虫（ゾウリムシの仲間）などで、細菌を捕食して栄養にします。またごく最近になって、メタンガスを作るメタン生成菌や温泉の熱湯に棲む超好熱菌などはアーキア（古細菌）という細菌と形態はそっくりだけど分類学的にはまったく異なる微生物だということがわかってきました（図1−1）。細菌と

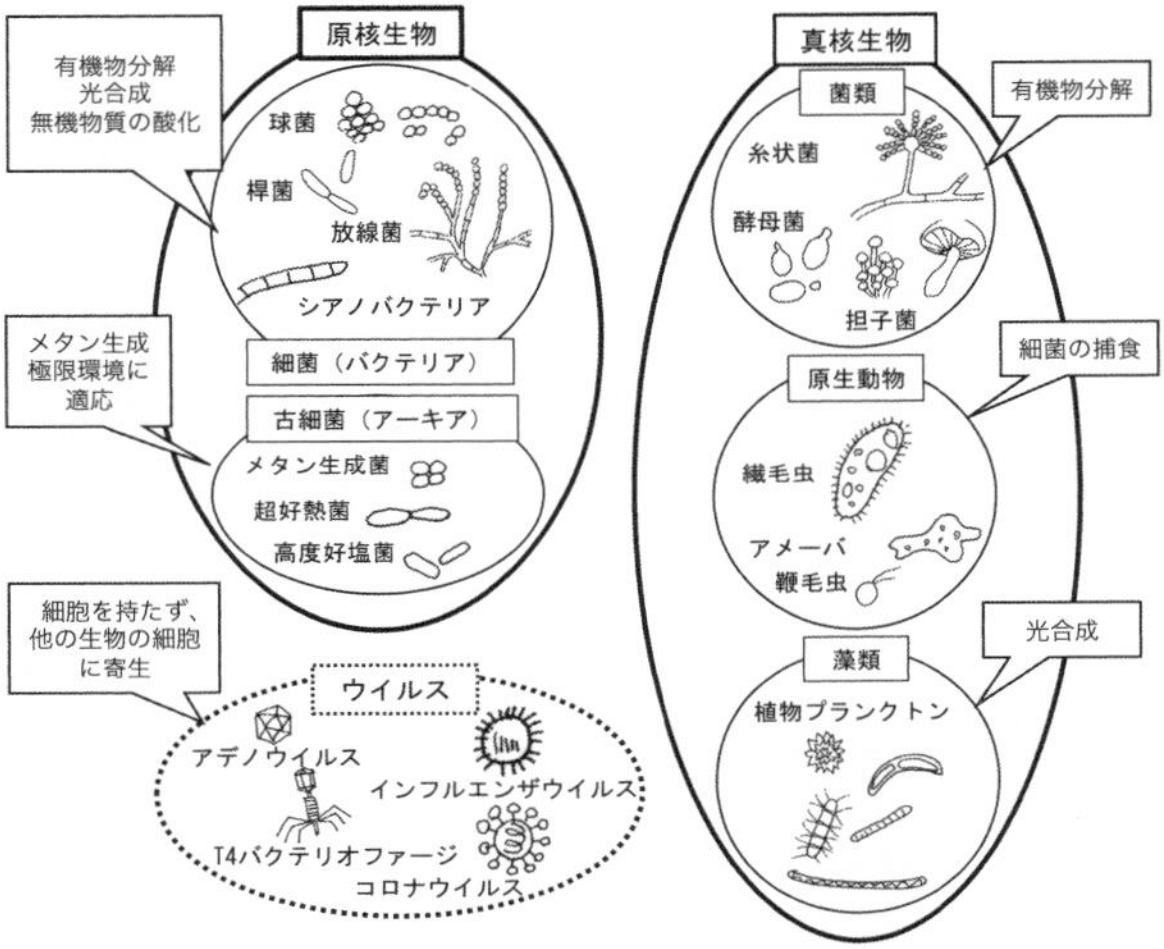

図 1-1　主な微生物のグループと働き

古細菌は原核生物、菌類と原生動物、藻類は真核生物という大きな分類群に分かれます。

身近な微生物のうち、ヨーグルトなどの発酵食品を作る乳酸菌や納豆菌は細菌、ビールやワイン、清酒を造る酵母菌は菌類に属します（菌類という語には細菌が含まれないことに注意してください）。さらに、藻類も微生物です。単細胞で池や海に漂って光合成をして暮らす植物プランクトンが代表で、クロレラやユーグレナ（ミドリムシ）の名は健康食品などにも応用されていますからご存じの方も多いでしょう。ただしユーグレナは光合成をするのに原生動物のように鞭毛を使って運動し、藻類と原生動物との中間的な存在です。

なお、毎年冬になると猛威をふるうインフルエンザや、ウシの病気・口蹄疫の病原体はウイルスというかなり特殊な微生物です。ウイルスは遺伝子とそれを包む殻しか持たない存在で、それ自体では増えることができず、取りついた動物や植物の細胞の中に入って初めて増殖できます。しかもウイルスは乾燥させると結晶状態になり、水に戻すと活動を再開して、とても生物のようには見えません。そのためウイルスは生物と非生物の中間的な存在と考えられています。

微生物の発見

このような微生物の存在自体を初めて見つけたのは、一七世紀のアントニー・ファン・レーウェンフック（一六三二―一七二三）です。彼はオランダの織物商人でしたが、趣味で簡単な顕微鏡を手作りして、身の回りのいろいろなもの（池の水、雨水、土、歯垢、堆肥など）を手当たり次第に観察して、小さく、うごめく生物をレンズを通して発見したのでした。

さらに微生物を本格的に調べたのは、一九世紀後半の微生物学の創始者、フランスのルイ・パスツール（一八二二―一八九五）です。彼は「白鳥の首」と呼ばれる、Ｓ字形に曲がった長い首を持つ特殊なフラスコを自作して、「微生物というものが存在しなければスープは永久に腐らない」ことを証明したのです。じつは当時は、小さな生き物は「自然発生する」と考えられていたのです（その証拠に、肉片を壺に入れて部屋の隅に数日間置いておけば、ほらウジ虫はもちろん、ネズミまで湧いて出てくるではないか！）。これが常識だった時代に、「自然発生説の否定」は大きな科学的進歩でした。

パスツールはさらに、ワインは酵母菌という微生物の働きで造られること、ワインを腐らせるのは酢酸菌という微生物であることを明らかにします。これが発酵微生物学の始まりです。

さらに、牛乳に混入する雑菌は六〇℃で三〇分間程度の比較的低い温度の熱処理で殺菌できることを解明して、その殺菌法を実用化して畜産農家に普及させ、牛乳の生産・普及に大きく貢献しました。この殺菌法を低温殺菌法、またはパスツールの名前を取ってパスツーリゼーション（pasteurization）といいます。パスチャライズ牛乳とかパス牛乳と呼ぶのが、これです。

じつは日本ではパスツールの三〇〇年も前（一六世紀半ば）に、清酒の腐敗防止に「火入れ」というほぼ同様の低温殺菌法を確立していました。日本酒造りの技術はきわめて先進的で科学的だったのです。

病原菌の発見

その後、ドイツのロベルト・コッホ（一八四三―一九一〇）とその弟子たちが一九世紀末から二〇世紀初頭にかけてヒトの病原菌を次々と発見していきます。結核菌、コレラ菌、チフス菌などなど。つまり、結核などの病気は微生物が原因だったことが判明したのです。中世のヨーロッパで猛威をふるったペストも、それは悪霊のせいではなくペスト菌という微生物が原因であり、そういう微生物がヒトからヒトに感染することで病気が広まることがわかるようになって、予防法や治療法が発達しました。

コッホの弟子には日本人もいて、北里柴三郎（一八五三―一九三一）がその代表です。破傷風菌の培養に世界で初めて成功し、ペスト菌も発見しています。北里はのちに帰国して福沢諭吉の援助により北里研究所（現在の北里大学の前身）を創設し、日本医師会の初代会長になりました。さらに、北里の弟子の志賀潔は赤痢菌を発見しました。これは日本国内で独自に発見したもので、素晴らしい成果です。志賀の功績を称えて、赤痢菌の学名はシゲラ（*Shigella*）と名付けられました。ラテン語で「志賀菌」という意味です。

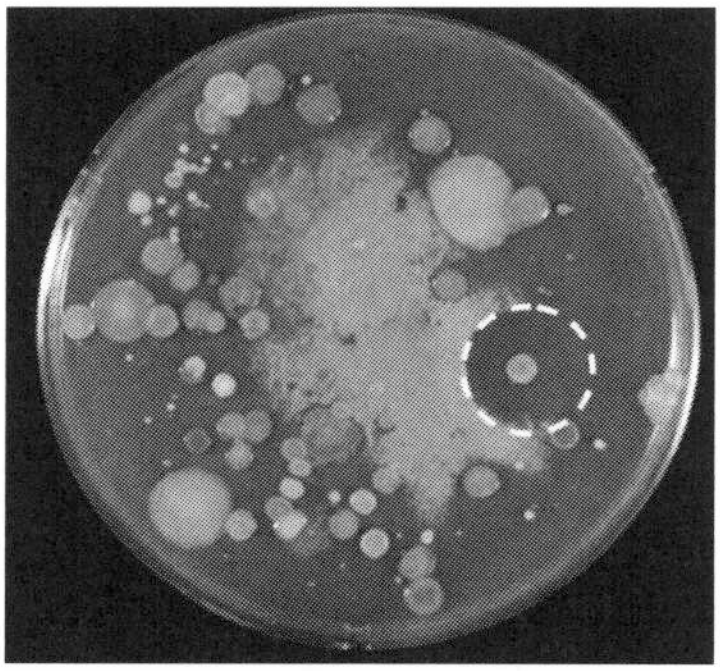

図1-2　土壌細菌による発育阻止円
土壌懸濁液を寒天培地に微量接種して培養すると、このように他の微生物の発育を抑える抗生物質を作り、発育阻止円（白い点線の円）を形成する菌が出てくることがある。

土壌微生物学のはじまり

華々しい病原菌の発見ラッシュは、人々に「微生物＝病原菌」という悪いイメージを与えてしまいました。このマイナスイメージを払拭したのは、アメリカのセルマン・A・ワクスマン（一八八八ー一九七三）をはじめとする土壌微生物学者たちでした。彼は結核の特効薬であるストレプトマイシンを発見したことで有名ですが、本職は土壌微生物学者です。希釈平板法（土壌中の微生物にコロニーを作らせる方法。二一ページ参照）で、土の中の微生物を詳しく調べた結果、ある種の微生物は、他の微生物の発育を抑える物質を作ることを見つけました。これが抗生物質です。この現象は、今でも容易に再現できます（図1－2）。

ワクスマンはその後二〇種類以上の抗生物質を発見しノーベル生理学・医学賞を受けました。ですから、一般的にはワクスマンは抗生物質の研究者として有名ですが、彼の本当の関

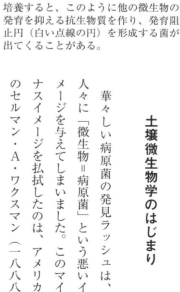

心は土の中の微生物の働きにありました。つまりワクスマンは、土の中には様々な微生物が棲みついていて、それらのごく一部はヒトや植物の病原菌であるけれども、大部分は無害で、それどころか有機物の分解や無機物質の形態変化に関係していて、その結果、植物の発育を促したり土の肥沃化に貢献したりする重要な存在だということを知らせたかったのです。これらのことは一九三〇年代に出版した本にワクスマンが書いています。当時マサチューセッツ農科大学（現マサチューセッツ大学アマースト校）で土壌微生物学を学んでいた日本で最初の土壌微生物研究者である板野新夫《あらお》は、この本に大いに啓発され、帰国してから『土壌微生物学』という本を出版して、土の中に棲む様々な微生物の働きを日本に紹介しています。

しかし土壌微生物学の研究はその後、長い間遅々として進みませんでした。もちろん多くの成果もありました。たとえば、空気中の窒素を固定してマメ科植物に与える根粒菌の発見やその応用、多くの種類の土壌微生物の発見とその働きの解明、土壌の団粒（つぶつぶ）構造が微生物の棲み家として大事だということなど、重要な成果はありましたが、今ひとつベールがかかっていて全貌が判然としない感じがありました。

筆者は一九七〇年代後半に東北大学農学研究所の大学院（現大学院農学研究科）の学生でしたが、当時研究室を率いていた古坂澄石《ふるさかちょうせき》教授（一九二〇—二〇〇二）は「我々は小さな穴から土の微生物の世界を覗いているに過ぎない。この穴を広げる努力も必要だし、小さな穴からでもできるだけ広く見渡せるように努力することも大切だ」と常々話されていました。

土壌微生物学の新時代

その「穴を大きく広げる」ことは、一九九〇年代になってから実現し始めました。それは、蛍光顕微鏡という特殊な顕微鏡を使い、様々な蛍光色素を使い分けることで、土の中の微生物を染色して観察できるようになったからです。その結果、土の中にはそれまで知られていたよりもはるかに多くの微生物が棲みついていることが判明したのです。細菌に限ってみても、希釈平板法では土壌一グラム中に約一億個の細菌が生きていることがワクスマンの時代からわかっていましたが、蛍光顕微鏡で調べると、なんとその約一〇〇倍、一〇〇億個もの細菌が存在することが判明しました。なんと今まで土の中の微生物のわずか一％しか認識できていなかったのです！

さらに、遺伝子解析技術のめざましい進歩により、筆者の学生時代では何ヶ月もかかった微生物の同定（どんな菌種か調べること）が、急げばわずか一日でできるようになりました。「この一グラムの土にはどんな種類の微生物がどれくらい存在するか？」という基本的な質問に答えるには、三〇年前なら数ヶ月を要したのが、今では翌日には答えられるのです。

このように土壌微生物の基礎研究が進むと、応用研究も進みます。肥沃な土とはどのような微生物が関係しているのか？　良質な堆肥にはどんな微生物がいるのか？　農薬の代わりに病原菌を抑えてくれる微生物はいないか？　などの問いかけに、今ではかなり自信を持ってすぐに答えられるようになりました。次章から、それらの疑問を解き明かしていきましょう。

第2章 土と微生物

田んぼでは連作障害が起きない!?——持続的農業と微生物の関係

青い惑星、地球。青く見えるのは水が豊富にあるからですが、もう一つ重要なことは、陸地があり土壌があることです。じつは地球以外の星では、土壌というものは今のところ見つかっていません。土壌は「無機物と有機物と生物からなり、植物の生育を物理的にも栄養的にも支えることのできる地表の自然物」と定義されます。火星や月の表面の「土砂」は有機物も生命も存在しないので土壌ではありません。地球はまさに「土の惑星」であるからこそ、生命を育むことができる星なのです。

ところがこの半世紀、地球全体で砂漠化が急速に進んでいます。これは、収奪的な農業や牧畜のせいで、土が痩せてしまったためです。世界的な食料危機を前にして、食料自給率四〇％以下の日本ははたして対処できるか心配です。

そこで今こそ、土壌の再生が必要です。それにはじつは、土に棲む微生物への深い理解が欠かせません。なぜでしょうか？　それを、水田土壌を例にして考えてみましょう。

図2-1　連作しても病気が出にくい農地・水田
水田は食糧生産の場となるだけではなく、土砂流亡や洪水を防ぎ、癒やしの空間も提供してくれる。

同じ土で同じ作物を何作も繰り返し栽培していると、必ず連作障害という現象が起きます。これはたいてい、植物病原菌の蔓延か微量養分の欠乏によって起きます。植物病原菌にとっては、自分の大好物（作物）が広い面積に植わっているのですから、天国のようなものです。ところが、弥生時代から何千年も毎年単一作物を連作しているのに、ほとんど病気が出ない農地があります。それが水田です（図２－１）。

そのわけは、田面水として供給される水に微量養分が含まれていることと、土壌伝染性の病害がほとんど発生しないことです。水田では秋から冬にかけて落水されて水がありませんが、春の代掻きから盛夏まで水が入ります。この湛水期には、大気と水田土壌が田面水によって遮断されるため、土壌への酸素の供給が抑えられます。一方、土壌中の微生物は呼吸をして酸素を消費します（呼吸の仕組みはヒトと本質的には同じです。もちろん彼らに肺はありませんが）。その結果、水田土壌は酸欠になります。これを嫌気的状態と呼びます。

植物病原菌の多くは糸状菌（カビ）ですが、そのほとんどは好気性菌といって、私たちヒトと同様、酸素がないと生活できない生物です。* そのため、嫌気的になった水田土壌で死滅してしまうのです。

水田は食糧生産の場であると同時に、洪水を防ぎ気温や湿度を調節する機能も強く、国土保全に大きく貢献しています。このように重要な水田で何千年間も持続的な農業が可能だった秘密は、微生物の生態にあったのです。この土の微生物の秘密をさらに探っていきたいと思います。

＊お菓子のビニール袋の中に小さな「脱酸素剤」が封入されていることがあるのに気づいていますか？ あれはカビの発育を抑えるためです。カビが好気性であることを利用した、防腐剤を使わない保存技術です。

九九％は未知——土壌微生物

土の中には微生物がどれくらい棲みついているのでしょうか？　これを調べることは、土壌微生物研究の第一歩です。

一般的に微生物の数を測定するには、栄養成分を寒天で固めた培地（寒天培地）を用いた希釈平板法を使います。まず土壌を一グラム量り取って、それに一〇倍量の水を加えて、よく振って懸濁させます（つまり泥水を作ります）。これを水で一〇倍に薄め、さらに何度も薄めていって一〇万倍とか一〇〇万倍とかの希釈液を作ります。その〇・一ミリリットルを寒天培地の上に載せ、ガラス棒で塗り広げます。なお、水やガラス棒は、あらかじめオートクレーブという機器で高圧蒸気を使って加熱殺菌しておきます。この培地を二〇〜三〇℃に保温したインキュベーター（培養装置）に入れて一週間から数週間置いておくと、大小の微生物のコロニーが発育してきます（図２‐２）。左の写真では、培地上に主に細菌のコロニーが見られます。この細菌のコロニーを顕微鏡で詳しく観察した右の写真から、たくさんの小さな細胞の集まりだということがわかります。つまりコロニーとは、もともと一個の細胞が、培地の栄養を利用して増えて、数万個の細胞のかたまりになったものです。そこで、

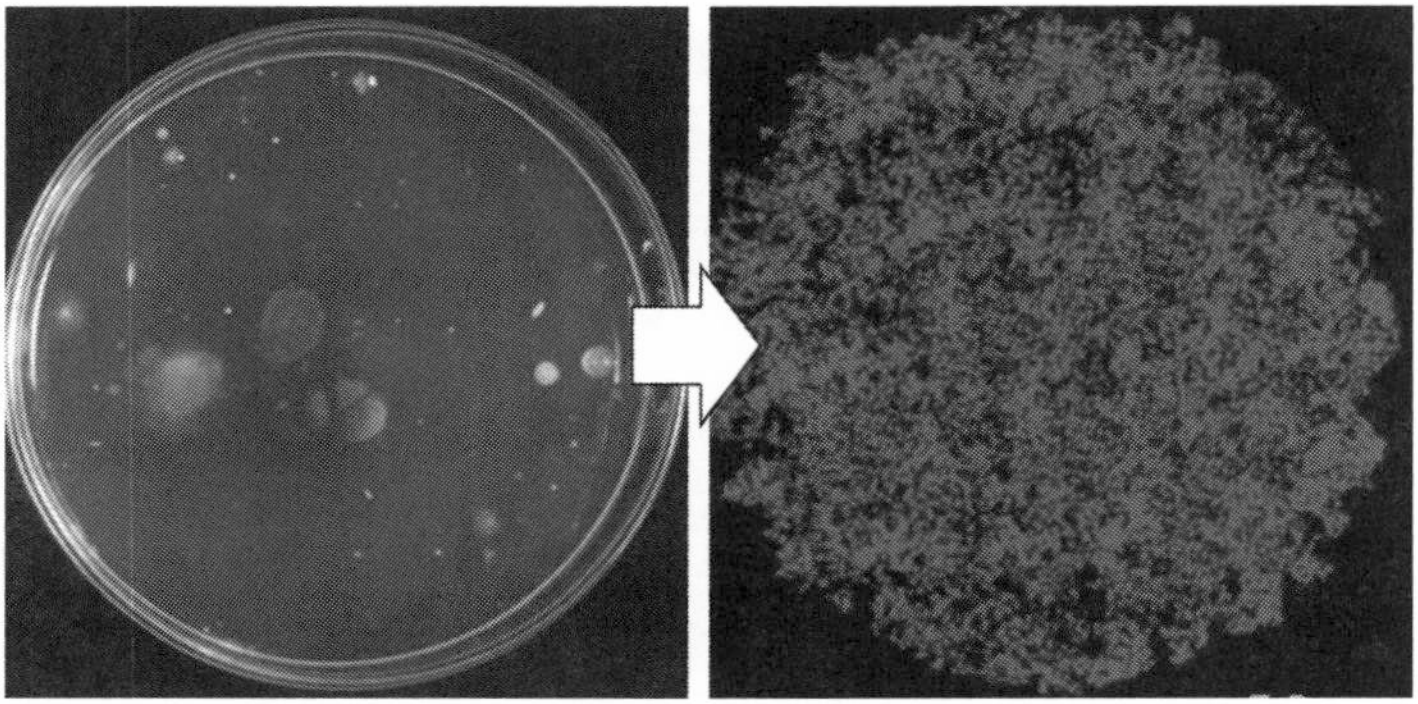

図2-2　寒天培地上に発育した土壌微生物のコロニー
左：大小の粒々が細菌や放線菌のコロニー。
右：ギリギリ肉眼で見える微小な細菌のコロニーを蛍光顕微鏡で観察した画像。写真の直径は約 0.1mm 。

培地上のコロニーを数えると、もとの土の中に棲んでいた微生物の数を算定することができます。このようにして微生物数を測定する方法を「希釈平板法」といいます。
　こうして得た細菌の数は、土壌の種類にもよりますが、土壌一グラム当たり約一億個です。なんとたった一グラムの土に、日本の人口に近い数の菌が棲みついているわけです。さらに、培地上のコロニーを新しい培地に移して培養することで他の種類が混ざっていない純粋な状態にできるので（「単離して純粋培養を得る」といいます）、それを詳しく調べることで、どんな種類か、どんな働きをするかがわかってきます。こうやって土の中の微生物の研究が二〇世紀にどんどん進みました。

ところが二〇世紀も末頃になると、蛍光顕微鏡という新型の顕微鏡が発達してきて、それを使って土の中を観察してみると、とんでもないことがわかってきました。一グラムの土に、一億どころか、なんと約一〇〇億個もの細菌がいるということが判明したのです。

つまり、二〇世紀に研究されてきた土の中の培養できる菌はじつはほんの一％であって、その一〇〇倍近い菌が、培養できないために今までその存在自体が知られていなかったのです。

それではまず、培養ができて詳しく研究されている土壌微生物の話を見ていきましょう。

反芻動物と微生物――共生微生物1

さて皆さんは、「牛乳は微生物が作っている」と言われたらどう答えますか？　さらに「牛肉は微生物が作っている」とまで言われたら？

ウシやヒツジ、ヤギ、シカなどの反芻《はんすう》動物はワラや草を食べます。ワラの主成分はセルロース（繊維素）で、これを分解する酵素をセルラーゼといいますが、じつは反芻動物にはセルラーゼを作る能力はありません。しかし彼らはワラを栄養にできます。

その秘密は彼らの胃にあります。反芻動物には胃が四つもあり、そのうち第一胃は一番大

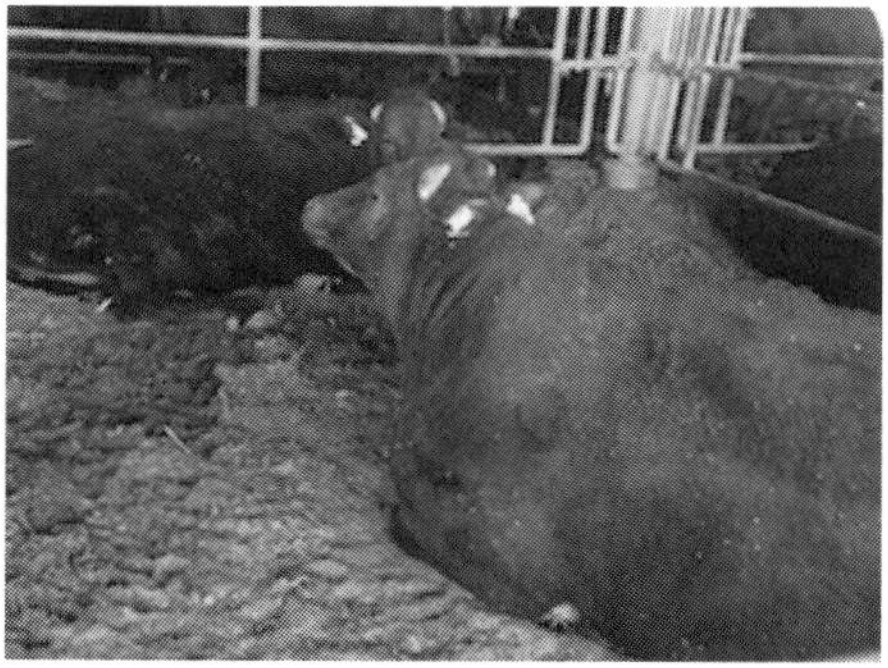

図2-3　４つの胃を持つウシ
ウシのルーメンは約200Lもの容量があり、内臓の大半を占めている。

きく、英語でルーメン（rumen）といい（焼き肉屋さんではミノと呼ばれていますが）、多種多様な微生物が棲みついており、中でもセルロース分解菌が重要です。これがワラの主成分であるセルロースを分解し、グルコース（ブドウ糖）にします。これは上品な甘さを持つ糖類で、すぐに他の微生物の働きで酢酸（お酢の主成分）や乳酸（ヨーグルトの酸味成分）、酪酸（ギンナンの悪臭成分）になります。反芻動物はそれらを吸収して栄養分にしているのです。胃の内容物はいわば甘酸っぱいヨーグルトのようなものになっていて、それを反芻して味わっています。ワラのような味気ないものを食べているかと思ったら、じつはウシたちはかなりなグルメだったのです（図２－３）。

その結果、ルーメン内で微生物が大量に発育します。第四胃では、これら微生物の菌体の一部も消化吸収されます。つまり反芻動物は微生物菌体も栄養源としていて、これは特にタンパク源として重要です。

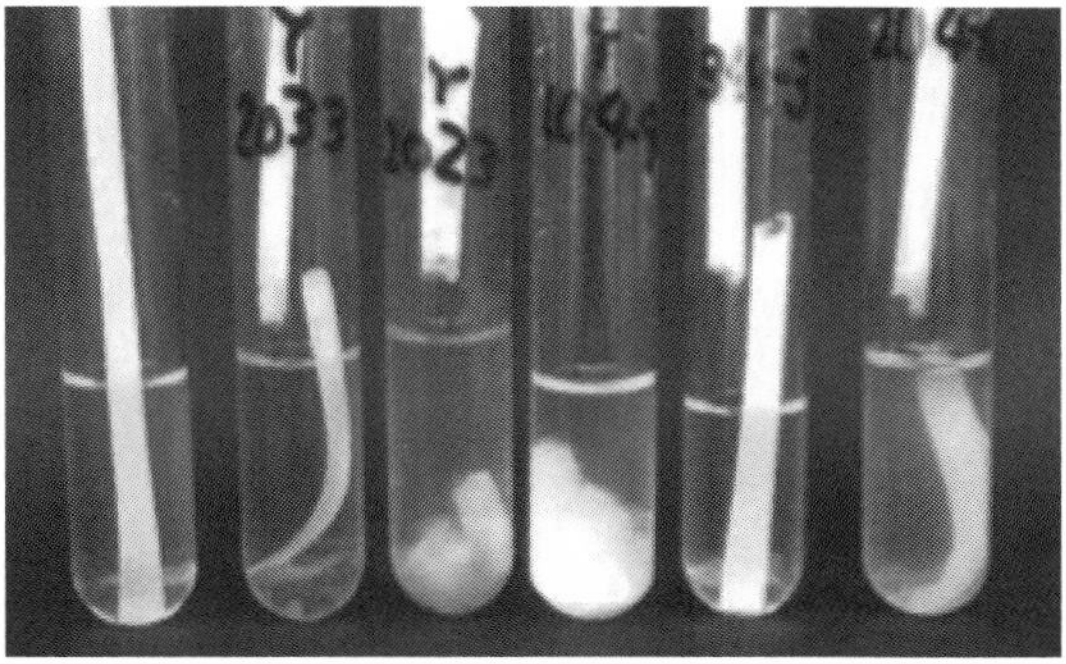

図 2-4　セルロース分解菌の働き
濾紙を入れた培地に異なる水田の土壌をごく微量入れて３週間置いたもの。濾紙が切れたり形が崩れたりしている。左端は何も接種していない場合で、濾紙は変化していない。

一方、ルーメン内の微生物は、黙っていても栄養分が降ってくる暖かな環境で暮らしています。多少はあとで食べられてしまうとしても、恵まれた環境でぬくぬく生活できると満足していることでしょう。

このようなわけで、反芻動物と微生物とは、もちつもたれつの共生関係にあり、ウシは微生物なしには生きられないのです。「牛肉は微生物が作っている」は言い過ぎかもしれませんが、あながち間違いではないのです。

さて、セルロース分解菌は土壌にも含まれていて、その活動の一端は簡単な実験で見ることができます。濾紙《ろし》かコピー紙を幅約五ミリメートルの短冊状に切り、これを試験管かコップに入れ、さらに水道水を容器の三分の一程度入れ、短冊が水面の上下に渡るようにします。ここに土壌や落ち葉をごく少量入れ、アルミホイルなどで蓋をして室内に数週間置きます。すると、最初は水面の部分で紙が切れ、さらに水面下の紙がグズグズに溶けていきます（図2－4）。これがセルロース分解菌の作用です。その水を取って顕微鏡で見ると、様々な形の微生物が動き回っているのを観察することができます。

根粒菌の働き――共生微生物2

土壌微生物の中でも根粒菌については比較的よく研究され、高校の生物の教科書にも載っていますが、その真価は意外と知られていません。根粒菌は、マメ科植物と共生する細菌で、根の中に入り込み、根粒と呼ばれる五ミリ前後の小さな粒々を作ります（図2－5）。この中で根粒菌は空気中の窒素ガスをアンモニア態窒素に変換します。これを窒素固定といい、植物はアンモニア態窒素を窒素源として利用します。

植物の三大栄養素はN（窒素）、P（リン）、K（カリウム）ですが、このうち最も量的に必要とされるのは窒素で、土壌ではたいていい欠乏状態です。しかし根粒菌と共生していれば、植物が利用できない窒素ガスを利用できる形にしてくれるのです。一方、植物は光合成して得た栄養（炭水化物）を根を通して根粒菌に与えます。しかも、土壌中には細菌を捕食する原生動物がウヨウヨしているのですが、さすがに根粒の皮を破って入ってはこられないので、根粒菌にはとても安全な棲み家になっています。

このようにマメ科植物と根粒菌は、お互いがそれぞれの特殊能力（光合成と窒素固定）を提供し合って、過酷な環境（痩せた土壌）でも生きていける「生物共同体」を作っているわけです。人間社会でもかくありたいものですね。

さて、窒素固定をする微生物には、根粒菌の他にもシアノバクテリアやアゾトバクターなどがいます。これらの微生物による生物的窒素固定の量は、地球上のすべての生物が利用している窒素の約九〇％に相当します。残り約一〇％は雷放電によるものです。ですから、生物的窒素固定なしには、地球上の生物の今の繁栄はなかったのです。ただし二〇世紀になって人工的窒素固定法が発明され、現在では生物的窒素固定量に匹敵する量の窒素が化学肥料として生産されています。

図2-5　ダイズの根粒
円で示した小さな粒々が根粒。

ところで根粒菌には多くの種類があり、ダイズにはダイズの、インゲンマメにはインゲンマメの根粒菌が必要です。しかし原野や森林を開墾してできた農地では、野生のマメ科植物の根粒菌はいますが、作物の根粒菌はいません。そのような場合、ダイズ根粒菌を大量培養し、ダイズの種にまぶして使用する技術が世界的に広がっています。図２－６はタイ王国の施設で、日本では十勝農協などが行っていました。幸い何年かすると根粒菌は土壌に棲みつくようになり、根粒菌をまぶす必要はなくなります。

ところが、新たな問題が出てきました。土着の根粒菌の中には、見かけは立派な根粒を作ってもさっぱり窒素固定をしないものがあるのです。このような根粒を無効根粒といい、潰すと白色の汁が出ます。一方、窒素固定能の強い根粒菌（有効根粒）の作る根粒は赤い汁が出るので、すぐに見分けられます（この話は三九ページでも詳しく解説します）。そこで、十勝農協などでは窒素固定能の強い根粒菌が研究開発され、商品化されています。

図2-6　根粒菌の大量培養装置
タイ王国農務省の設備。

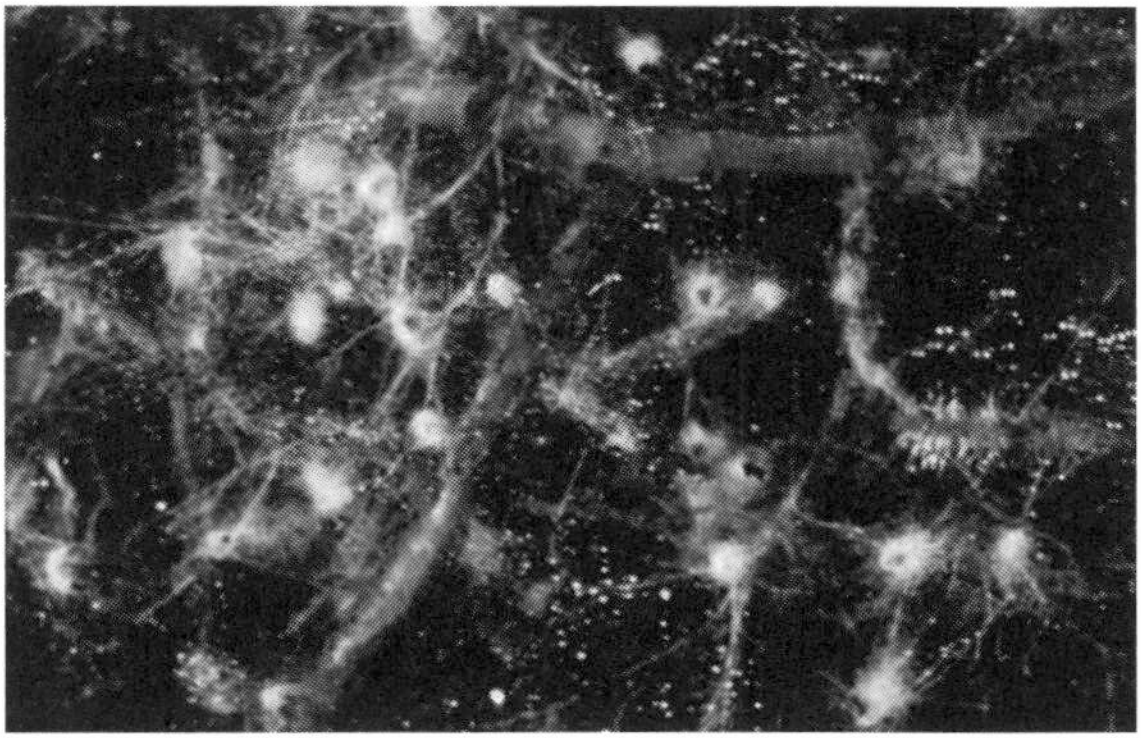

図2-7　アカマツの菌根
白い糸状のものが菌根菌の菌糸。

菌根菌、キノコが山を緑に？ ——共生微生物3

植物の共生菌には根粒菌の他に菌根菌があります。キンコンキン、愉快な名前ですが、この菌は植物の根に菌糸を絡みつかせ、菌根と呼ばれるものを作ります（図2－7）。彼らの菌糸の一端は植物の根の細胞の隙間に入り込み、植物から光合成産物（炭水化物）をもらいます。それを栄養源にして菌糸をどんどん土壌中に広く伸ばし、いわば植物の根の代理となって、土壌中の乏しいリン酸や微量養分、水分をかき集めて植物に与えます。

根粒菌は分類学的には細菌に属しますが、菌根菌は菌類です。それも多くは担子菌類といってキノコの仲間です。そうです、キノコはじつは微生物なのです。その証拠に、キノコを顕微鏡で見ると、細い菌糸の集合体であることがわかります。

キノコには、木を腐らせて栄養にする腐生菌類と、植物と共生する共生菌類（菌根菌）があります。シイタケやエノキダケは腐生菌類に属し、枯れ木やオガクズを用いて人工栽培できるため、安く市販されています。しかしマツタケやトリュフは共生菌類なので、生きた特定の植物の根がないと発育せず人工栽培できないため、高価な食材となっているのです。

菌根菌の中にはラン科の植物と共生するものがあります。コチョウランのような高級ランの栽培には、種子に菌根菌を接種することで、質のよいランを早く栽培する技術が実用化されています。

他の応用例としては、荒廃地の緑化があります。そのめざましい例は、長崎県雲仙普賢岳で見ることができます。普賢岳は一九九〇年から五年間、激しい噴火活動を続け、大量の火砕流と火山灰を噴出し、緑の山を岩と砂礫に覆われた荒廃地に変えてしまいました。それが豪雨のときに流され土石流となって下流の町を襲い、多くの民家が埋まり甚大な被害を与えました。これを防ぐには、一日も早く山を緑化しなければなりません。しかし噴火の恐れがあり、人の手での植林作業は大変危険でした。

そこで、ヘリコプターで空から植物の種や肥料を撒く「空中緑化」が長崎県の雲仙復興局

図2-8　雲仙普賢岳の空中緑化9年後の様子
荒廃地が背丈を超す林に。当時はまだ警戒区域だったので、特別に許可を得て入山した。

図2-9　雲仙普賢岳の空中緑化のビフォー・アフター
左：1995年5月（緑化バック投下直後）
右：2011年10月（16年後）

のもとで一九九五年から実施されました。全国から我こそはという技術を持った企業や研究グループが参加し、様々な方法が試みられましたが、その中でも大きな効果を上げたのは、緑化バッグといって、座布団くらいの大きさの平たい袋に菌根菌と植物の種と緩効性肥料を入れたものです。これをたくさん撒いた地域では一年後にはススキなどの草が生え、数年後にはアカマツやハンノキなどの木々が発育し、九年後に筆者が学生たちと調査に入ったときには、背丈を超す林になっていました（図2－8、2－9）。今はさらに成長し、普通なら一〇〇年かかる森の再生が、わずか二〇年足らずで実現できたと、外国からも高く評価されています。この緑化バッグを開発したのは、当時山口大学農学部教授だった丸本卓哉先生で、国の研究機関と民間企業の合同チームを率いて基礎から応用まで発展させ、その後、諸外国にも適用例を広げています。

大気を作った微生物――シアノバクテリア

地球に棲むほぼすべての生物の大恩人となった微生物がいます。それはシアノバクテリアといい、以前は「藍藻《らんそう》」と呼ばれて藻類の一種、つまり単細胞の植物だと考えられていましたが、詳しい遺伝子解析の結果、細菌の仲間であることが判明しました。

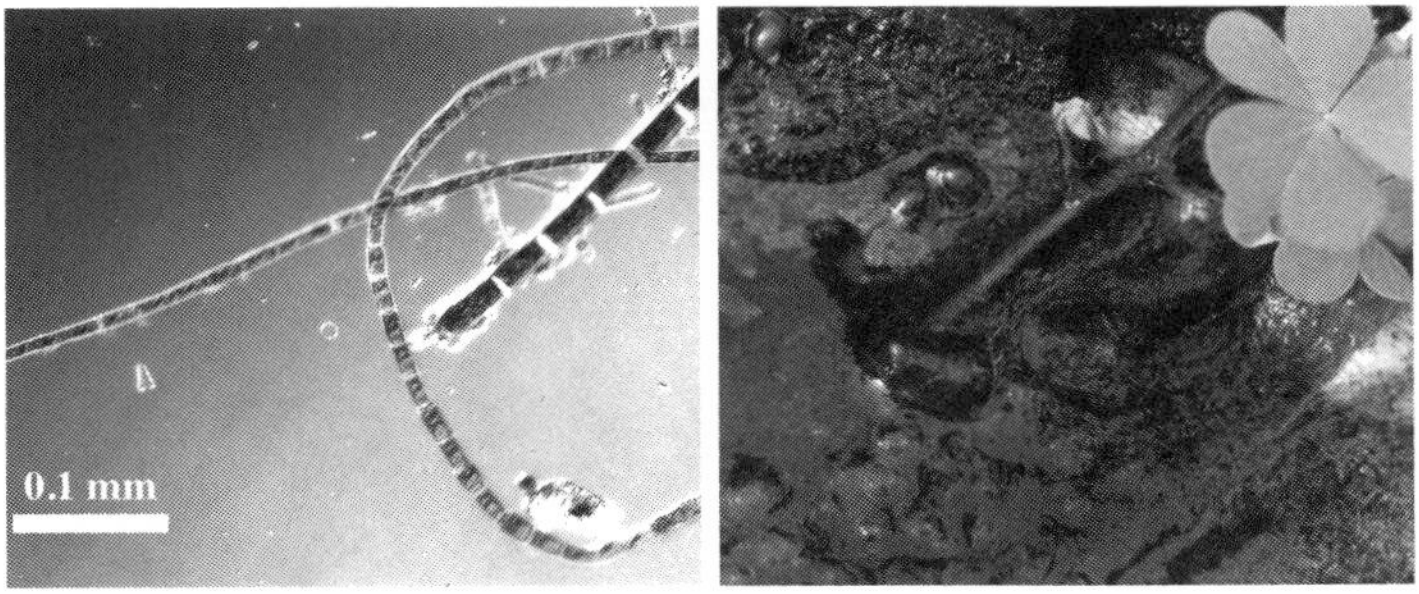

図2-10　身近なシアノバクテリア、ユレモ
左：顕微鏡で見たユレモ。
右：池のユレモ。

シアノバクテリアは光合成を行い酸素を作る細菌で、単細胞の球菌状のものや、細長い細胞が一列につながって数ミリから数センチメートルの長さの糸状の形態を取るものなど様々で、その代表的なものはユレモ（*Oscillatoria*）と呼ばれ（図2－10左）、水田や小川、池などで普通に見られます（図2－10右）。

地球上で最初の生命が生まれたのは約三八億年前ですが、二五億年前にはシアノバクテリアが海に出現しました。その当時の大気には酸素はほとんどなく、しかも危険な宇宙線や紫外線が降り注ぎ、地表では生物が生きられませんでした。しかしシアノバクテリアの活動により大気中の酸素が徐々に増えていき、約一〇億年後には紫外線などをカットするオゾン層が酸素をもとにできました。

そこで初めて生物の陸上進出が可能になり、まずシアノバクテリアや地衣類が繁栄しました。地衣類はシアノバクテリアと菌類の共生体で、乾燥や低温にも強く、さらにシアノバクテリアには窒素固定をする種類もあるので、地表を覆い尽くしながら、彼らの死骸は土壌有機物となって土壌を豊かにしていきました。

その結果、今から約五億年前に初めて植物や動物が地表に進出し、爆発的な進化が起こり現在の繁栄をもたらしました。このようにシアノバクテリアは、地球の大気を改変して多くの生命が暮らせるようにしたテラフォーマー（惑星大気改造者）です。

シアノバクテリアの活躍は、他にもあります。たとえば、亜熱帯〜熱帯の水田に浮かぶアカウキクサにはアナベナ（*Anabaena*）というシアノバクテリアが共生していて、窒素固定をしています。珊瑚礁のサンゴ虫にもシアノバクテリアが共生していて、低栄養の熱帯の海でもサンゴ虫が暮らせる栄養分を与えています。また九州特産で高級食材になっている「水前寺海苔」は、シアノバクテリアの一種です。

じつは中には「悪玉菌」もいます。アオコや赤潮は、ある種のシアノバクテリアが大発生したもので、毒素を作って魚介類を死滅させます。またカンボジアのアンコール遺跡群では、レリーフ上に繁殖したシアノバクテリアなどが汚損を広げていることが問題となっています。

世界遺産を蝕む微生物

アンコール遺跡は九世紀から一四世紀にかけてカンボジアのクメール王朝が建立したもので、有名なアンコール・ワットを始め多数の寺院遺跡が広大な地域に分布しています。クメール王朝が没落した後、長い間放置されて森の中に埋もれていた時期があり、また近年では国内紛争のあおりを受けて遺跡の一部が破壊されるなどしました。国内情勢が落ち着いてきた二〇〇四年にユネスコの世界文化遺産に登録された後は、世界有数の観光地として訪れる多くの人々を魅了しています。

遺跡を構成する建物の表面はほぼすべて長方形の砂岩ブロックで作られ、その壁面という壁面には当時の人々の暮らしや戦争や神々を描いた精密なレリーフが彫られています。しかし屋根や壁の砂岩ブロックが崩落したりレリーフが溶食されたりして風化が進んでいるところも少なくないのです（図2－11）。これは、雨水による物理的な風化作用に加えて、微生物的な汚損や劣化が原因です。

カンボジア政府のアプサラ（アンコール地域遺跡保護管理）機構とユネスコが協働して保護管理に当たっており、そのもとで各国が地域ごとに分担して保存修復を進めています。日

図2-11　風化が進むアンコール・ワット遺跡
左：女神のレリーフ。雨水がかかる左側の像は微生物による黒化汚損と剥離劣化が激しく、顔が消えている。
右：柱の底部は降雨時に水が染み上がるため風化が早く、表面が剥離している。

本からは日本国政府アンコール遺跡救済チームが現地に常駐し、現在はバイヨン寺院を中心に担当しながら修復や保存のための作業と調査研究を進めています。

その中で東京農工大学の片山葉子名誉教授を中心とした微生物研究グループは二十年来調査研究に当たっています。すでに硫酸や硝酸を生成する微生物（イオウ酸化菌と硝化菌）を劣化した石材の表面から見出し、これらが作る無機酸が劣化を早めていると推測していました。そのような微生物の栄養源として遺跡に棲みつくコウモリの糞が疑われていました。そこで筆者がお手伝いに参加しました。

遺跡の中に入ったら、洞窟でおなじみの臭いが鼻をつきました。コウモリの糞の臭

図2-12　アンコール・ワット遺跡のコウモリ
多くの観光客が通る回廊の天井近くにも多数のコウモリが棲みついている。

いです。足下を見ると、床に糞がパラパラと落ちているではありませんか。上を見ると、薄暗い建物の上部の壁や天井にはなんと多数のコウモリが取りついていました（図2－12）。しかし観光客はまったく気がついていません。ガイドや警備に当たっている現地の方々に伺ったら、コウモリの存在は知っていて、水や空気のようにごく当たり前のものと見ているようでした。

詳しく調査すると、遺跡によっては数百頭のコウモリが棲みついていて、コウモリの古い糞（グアノ）が遺跡の棚状の部分にたくさん溜まっていました。乾燥しているものが多く、古くなってカチカチの化石状になっているものもありました。このようなグアノの中には、イオウ酸化微生物が多数棲息していることを見出しました。それも細菌ではなく糸状菌です。屋内の乾燥しがちな環境では、水分が少なくても活動できる糸状菌の方が有利なのでしょう。彼らはグアノの中の有機物を栄養源にして発育し、グアノ中のイオウ分からできた硫化鉄をもとに硫酸を生成しているのでした（仕組みは図7－15と同様です）。こうしてできた硫酸が降雨時に雨漏りの水滴に溶かされて下方に滴り落ちて遺跡の壁面を濡らし、レリーフの劣化を早めていることを突き止めました。

このイオウ酸化糸状菌はアスペルギルス（*Aspergillus*）属の一種で、パンやお餅に付く青カビと同じ仲間ですが、イオウ酸化も行う特殊な性質を持ち、遺伝子解析によるとどうやら新種のようです。そこで、アンコール遺跡にちなんだ名前を付けたいと考えています。遺跡を劣化させるカビなので、名誉あるアンコールの名前を付けるのは恐れ多い気もしますが。

さてそうすると、コウモリが遺跡に居着くのはやはり良くないことだと判明したので、できるだけ穏便に遺跡から退去していただきたいものです。しかし網で遺跡を囲ってもどこかしらに隙間があり、コウモリは潜り込んでしまいます。新型コロナウイルスのこともあり（あとがきで後述）、コウモリたちには本来の棲みかである森や洞窟に帰ってほしいのですが、その決め手となる対策には、コウモリの専門家を交えてさらに知恵を出し合う必要があります。

虫眼鏡で見る土の微生物

土の中の微生物の活躍ぶりの一端は、虫眼鏡で観察できます。まずはマメ科植物の根粒です。ダイズやインゲンマメの根粒は大きくて観察しやすいので、初心者向けです。根を掘り出して水をかけて土を洗い流すと、根粒がたくさんついているのがわかります。カラスノエンドウなどの野草でも、少し小さいですが根粒を簡単に観察できます。根粒をカミソリの刃で二つに切ると、内部が赤い色をしているのがわかります（口絵①）。これが有効根粒です。根粒の内部が白い場合は無効根粒といって、窒素固定をしていません。根粒の赤い色はレグヘモグロビンという、ヒトの血色素（ヘモグロビン）に似た色素です。窒素固定は還元反応の一種なので、酸素が存在すると反応が邪魔されます。一方、窒素固定には大量のエネルギーが必要なので、根粒菌には酸素呼吸が必要です。つまり、酸素が必要な部位と酸素があっては困る部位とが根粒の中には混在しているのです。そこで、土壌から浸透してくる酸素をレグヘモグロビンが捕捉して、宅配業者のように必要な部位だけに送り届けるのです。その結果、窒素固定を行う部位は酸素から守られます。盛んに窒素固定している根粒には、「赤い血潮」が流れているのです。

図2-13　土の中の糸状菌
落ち葉や土壌を虫眼鏡で見ると、糸状菌（カビ）が落ち葉を分解している様子がわかる。

さてこんどは森に行きましょう。都会の中でも公園に行けば、木々の根元に落ち葉が溜まっている場所を見つけることができます。落ち葉や土、植物の根のかけらを手につまんで虫眼鏡で見ると、いろいろなものが見えてきます。

まずは糸状菌（カビ）の菌糸が目につくでしょう。落ち葉や根のかけらから菌糸を伸ばしている様子がわかります（図２−13）。これは腐生菌で、土壌中の有機物を分解し、ミネラル分を植物に返す働きをしています。物質循環の大きな担い手です。

白く粉が吹いているようなカビらしいもので、虫眼鏡では菌糸が細くてよく見えないとしたら、それは細菌の仲間の放線菌です。ためしににおいをかいでみてください。腐葉土のにおいがしたらそれは紛れもなく放線菌です。土のにおいは放線菌が作る物質です。さらに放線菌は腐植物質という土を肥沃にする有機物を作ります。その上、抗生物質を作って植物病原菌を抑える働きをする種類もあり、放線菌は典型的な土壌の善玉菌です（唯一の例外は、イモ類にそうか病を起こす種類です)。

一方、健全な木の根なのに、菌糸がぐるぐると取り巻いている場合があります。それは共生菌、つまり菌根菌です。グロムスという種類が多いですが、松の木ならそれはマツタケの菌糸かもしれません。

微生物の他に、様々な虫たちも見つかるでしょう。子どもたちが大好きなコガネムシの幼虫やダンゴムシ、ミミズもいます。ミミズは腐葉土を丸ごと飲み込んで栄養分を吸収し、土のかたまりを糞として排出します。その糞は土壌団粒そのものです。団粒が増えると、「通気性がよく保水性がよい」という一見矛盾した物理構造を可能にします。植物の根も呼吸しているので通気性がよいことは植物の発育を促進します。さらに団粒構造が発達すると、土壌微生物の棲み家が増えて、多様な微生物が増加します。つまりミミズは土壌を肥沃にします。このことに初めて注目したのは、進化論で有名なチャールズ・ダーウィンです。ミミズに関する多くの論文や本を発表し、何冊かは邦訳も出ています。ミミズのいる土壌といない土壌を実験的に作って土壌への影響を調べるなど、現代科学の水準から見ても立派な研究です。これら一連の研究は、それだけでもダーウィンの名を歴史に残す偉業であると賞賛されています。ダーウィンは優れた土壌生物学者でもあったのです。

蛍光顕微鏡で見るミクロの世界

「培養できる土壌細菌はたった一%」という話をしました。この発見は第二次世界大戦中のイギリスはロンドン北西部の田園地帯にあるロザムステッド試験場で始まります。ここはなんと一八四三年に設立された世界で一番歴史のある農業試験場で、多くの有名な農業技術研究が行われたところです。

このロザムステッドの土壌微生物学者たちが、畑土壌中の細菌数を測定していて、なんとも不思議なことに気がつきました。それは、寒天培地で培養して得た細菌数の数十倍から数百倍も多くの細菌が顕微鏡で観察できたことです。毎週のように土壌を採取して何度調べても、この傾向は変わりませんでした。そこで様々な議論が生まれました。「土壌中には培養できない細菌が多数いるのだ」「いや、培養できないのは生きていないからで、土壌細菌の多くは死んでいるのだ」「そもそも、顕微鏡で細菌に見える小さな粒子は粘土粒子などではないか」などなど議論が起こります。当時の顕微鏡の技術では、見えている細菌が生きているか死んでいるかはわかりませんでした。そのため、この議論には決着がつかず、長い間謎のままに残されました。それにしても、戦時中にこんな基礎科学ができる余裕があるとは、当時の日本との国力の差はどれくらいだったのでしょうか。

さて、この議論の決着がついたのは半世紀後でした。蛍光顕微鏡という特殊な光学顕微鏡が発達してきて、土壌中の微生物を様々な方法で染色できるようになったのです。その中でも、エチジウムブロミド（ＥＢ）という蛍光色素を使うと、土壌中の微生物だけがよく染まり、有機物や土壌粒子とはっきり見分けがつくことが筆者らの研究でわかってきました。水田土壌をＥＢで染色すると、多数の小さなオレンジ色の粒子が観察できます（口絵②）。ＥＢは核酸だけを染める色素なので、ミクロのサイズで核酸を持っている粒子は微生物、そして形態から細菌とわかります。数えると一グラム中に約一〇〇億個でした。一方、培養法では一億個以下でした。でもＥＢ法では細菌の生死はわかりません。死んだばかりの細胞にはまだ核酸が温存されているからです。

そこで、カルボキシフルオレッセイン・ダイアセテート（ＣＦＤＡ）という物質を使いました。ＣＦＤＡはそれ自体では蛍光色素ではありませんが、微生物の細胞の中に入ると、細胞内の酵素の作用で一部が分解し、そのとき初めて蛍光色素になります。このとき、細胞に穴が開いていたら、この蛍光物質がすぐに漏れ出てしまい観察できません。そこで、酵素活性を持ち細胞膜が健全（穴が開いていない）という意味で「生きている」細胞だけが染色されます。この方法で水田土壌を染めると、たくさんの細菌が見えました（口絵③）。その数は、ＥＢ法で得られる全細菌数の六〜九割に及びました。ここに来て初めて、半世紀の謎が解けました。土壌中の細菌の多くは生きている、しかし培養はできないのだと。同時にさらなる疑問が出てきました。なぜ生きているのに培養できないのでしょうか？

培養できない細菌の謎を解く

この問題を解くためにまず検討されたのは、培養法の改良でした。「何か必要な栄養分が培地に含まれていないためだ」とか、「大気中と土壌中とでは空気の組成が違うからだ」とか、いろいろな仮説が検討されました。

その中で大きな効果が得られた培養法は、なんと「培地を薄める」ことでした。細菌用によく使われる培地の成分を一〇〇倍くらいに薄めると、コロニーが数倍から数十倍も増加したのです。そのわけは、低栄養性細菌の存在でした。土壌中では水溶性の有機物が乏しく、そのような低栄養環境でも生存できる能力を持った低栄養性細菌が、培養できる細菌の中で大多数を占めていることがわかってきたのです。栄養が足りないから培養できない、と考えていた研究者の誰もが驚いたことでした。

低栄養性細菌の定義は、「一リットル当たり一ミリグラムの有機物で増殖できること」で

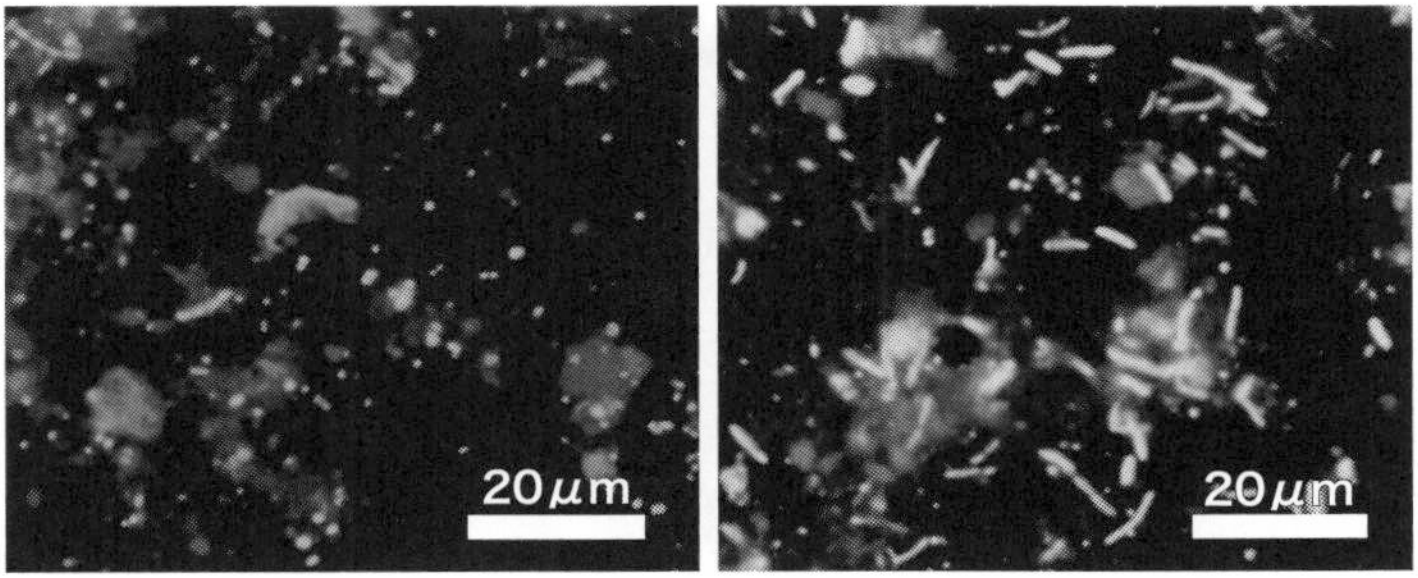

図2-14　DVC法では、土壌懸濁液に微量の栄養と細胞分裂を抑える物質を入れて一晩培養する
培養前には小さかった土壌細菌（左）が、培養後には伸長肥大して大きくなり（右）、増殖能があることがわかる。

す。これは家庭用のバスタブに耳かき五杯分の砂糖を入れた程度の濃度です。こんなわずかな栄養でも増殖できるのです。普通の培地にはその数万倍の有機物が含まれていますから、栄養が濃すぎたのです。このような土の中の低栄養性細菌の研究では、東北大学の服部勉先生（一九三二―）が世界的な先駆者でした。当時大学院生だった筆者が朝研究室に来ると、すでに服部先生がコロニーを数えていました。昼でも夕方になってもコロニーをひたすら数えておられました。その成果により、土の中の細菌の大部分を占める低栄養性細菌の姿がどんどん明らかになっていきました。

それでも依然、培養法と蛍光染色法とでは数十倍以上の開きがありました。

ＣＦＤＡ法では酵素が生きていることはわかりますが、本当に増殖能を持っているかはわかりま

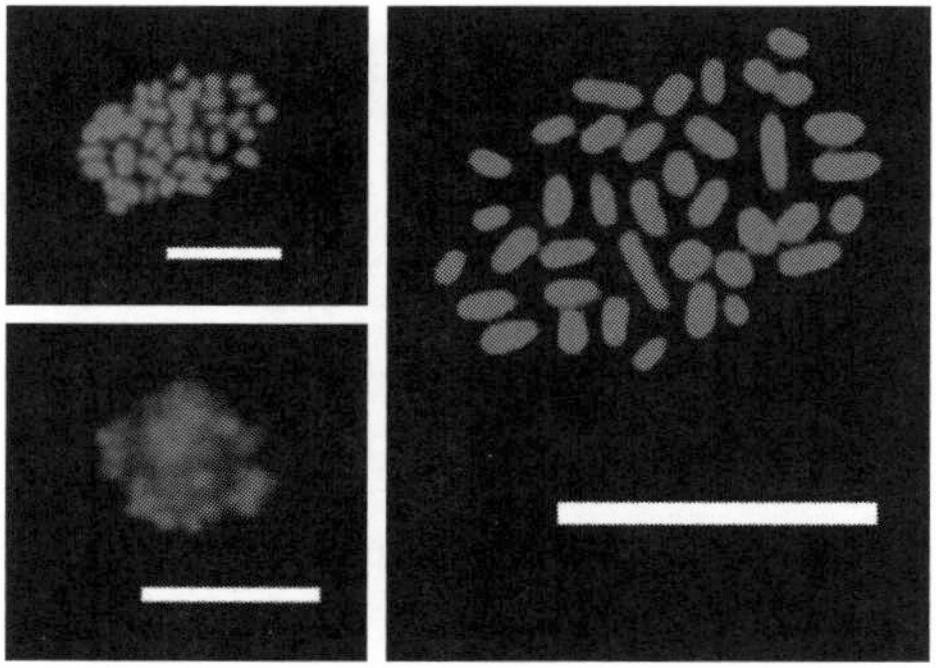

図2-15　寒天培地上の様々なマイクロコロニー
スケールはいずれも10μm。

せん。そこで、増殖能を検出できる蛍光染色法（DVC法）で調べると（図2－14）、CFDA法による菌数よりは少し少ないものの、依然薄めた培地で計測される菌数の数十倍も多いものでした。

さて、本章2項でコロニーの話をしましたが、コロニーが出ていない培地上を蛍光顕微鏡で丹念に観察すると、なんと、目に見えない小さなコロニー（マイクロコロニー）が多数存在することがわかってきました（図2－15）。しかもそれらの数はDVC法による菌数とほぼ同じでした。

つまり、土壌細菌の大部分は、目に見える大きさのコロニーは作らないけれど、マイクロコロニーを作るということがわかってきたのです。ではなぜ、マイクロコロニーより大きくならないのでしょうか。いろいろな仮説が考えられていますが、現在決定打はありません。これは筆者の私見（哲学?）ですが、土壌中の細菌は、限られた栄養を微生物同士で分かち合うために、無限増殖をしないように自己規制（遠慮）する仕組みを持っているのではないでしょうか。もし発育の早い菌が無限増殖して栄養を独り占めしたら、土壌は単一の菌だけになってしまい、それもいずれ栄養枯渇で全滅するでしょう。このような「譲り合い」の仕組みは、三八億年の昔から栄えてきた微生物の「知恵」かもしれません。

肥料を逃す脱窒菌

脱窒菌は、硝酸態窒素（NO_3^-）を窒素ガス（N_2）に変える働きを持つ微生物で、農業上では窒素肥料成分をガス化して逃してしまう悪玉菌です。特に湛水期の水田では脱窒菌が活発で、施肥窒素のなんと約半分が脱窒により失われているという報告もあります。

一方、河川や海洋などの水系では、硝酸態窒素は富栄養化や赤潮の原因になるため、脱窒は水質浄化につながります。特に干潟は脱窒作用が強いため、天然の水質浄化装置といえます。また過剰に肥料を投入した耕地からは、硝酸態窒素が地下水を経由して湖沼や海洋に流入し、富栄養化の一因となっています。そこで、脱窒を促進して富栄養化を防げないかという研究が進んでいます。

このように脱窒現象をよく研究して、脱窒をうまくコントロールする手立てを見つけることは農業上も環境上も重要です。しかし、その肝心の脱窒菌に関しては、必ずしも定量的な研究が進んでいませんでした。土壌や水試料中の脱窒菌を定量化するには、MPN法という培養法がよく使われますが、この方法では、脱窒菌がたくさんいるはずの水田土壌でも一グラム当たり数千から数百万の菌数しか得られませんでした。この数値がいかに少ないか、土壌中の全細菌数が数百億のレベルであることを思い出してください。

そこで筆者の研究室では、脱窒菌を蛍光染色しようと考えました。それには、脱窒に必要な遺伝子を染めればいいのです。そこで、新しい手法を開発して土壌中の脱窒菌を初めて顕微鏡で観察することができるようになりました（口絵④）。そうしたらなんと、脱窒菌は土壌一グラム当たり数十億個のレベルで存在し、全細菌数の数割を占めていたのです。これはMPN法の数千倍から数百万倍も高い値でした。

ここに来て、脱窒菌は菌数の上でも、土壌、特に水田土壌の主要な細菌群であることが判明しました。つまり、培養法では少数者にしか見えなかった脱窒菌が、じつは主役級の菌だったのです。

脱窒菌にとって脱窒は、酸素の代わりに硝酸態窒素を呼吸に使う反応です。これを硝酸呼吸といいます。土壌中の細菌の多くは、人間や他の生物同様、酸素ガスを使って呼吸します（酸素呼吸）。湛水期の水田土壌では酸素が徐々になくなって、酸素呼吸を行う細菌や糸状菌は活動できなくなりますが、脱窒菌は硝酸呼吸を使って増殖でき、優位に立てるのです。わ

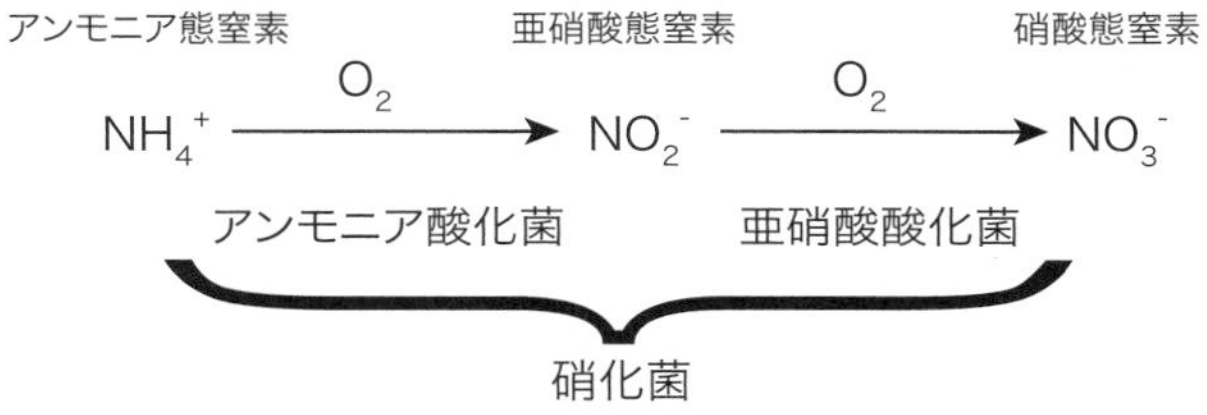

図2-16　硝化菌による硝化作用
この反応で硝化菌はエネルギーを得て生活する。硝化菌は無機物質を栄養源にする細菌だ。

かってしまえば当たり前のようなことですが、これで土壌細菌の謎が一つ解けたのでした。

硝化菌——農地では悪玉菌、水環境では善玉菌

硝酸化成菌（硝化菌）は、地球上の窒素動態で大きな役割を担っている細菌です。アンモニア態窒素を酸化して亜硝酸態窒素に変えるアンモニア酸化菌と、亜硝酸態窒素をさらに酸化して硝酸態窒素に変える亜硝酸酸化菌の二群の細菌の総称で、これら一連の反応を硝酸化成（硝化）といいます（図2－16）。

水田土壌では、湛水期の表層数ミリ～数センチメートルの色が酸化鉄（いわゆる鉄さび）による赤褐色をしています。田面水からの酸素の供給があるため、好気的な環境になっていて酸化層と呼ばれます。一方、その下部は還元鉄（くろがね）による暗青色をしていて、嫌気的環境になっていて還元

層と呼ばれます。

塩安《えんあん》（塩化アンモニウム）などのアンモニア化成肥料や堆肥からのアンモニア態窒素は、還元層では硝化作用を受けないので土壌に吸着保持され土壌に長く留まり、肥料持ちのよい状態を作ります。ところが酸化層では、硝化菌の作用で硝酸態窒素に変わります。これは土壌への吸着性がほとんどないため、水田の水の動きにしたがって下方の還元層に移動します。ここには脱窒菌がたくさん棲みついていて、硝酸態窒素を窒素ガスに変えてしまいます。これではせっかくの肥料成分が失われてしまいます。

これを防ぐには、アンモニア態窒素を水田土壌全体に混ぜること（全層施肥法）です。追肥の場合は、アンモニア態窒素肥料を還元層に押し込みます。もちろん、硝酸態窒素の追肥はすぐに脱窒につながりますから無駄になります。

このような水田の窒素の動きとその対策について最初に解明したのは、戦前から戦後にかけて東京大学農学部の土壌学教室の教授を務めた塩入松三郎先生（一八八九―一九六二）で、その後、同教室の高井康雄先生（一九二四―）などの歴代の教授が研究を発展させました。

畑土壌では、アンモニア態窒素はたやすく硝化され硝酸態窒素になりますが、好気的なので脱窒菌の活動は鈍く、脱窒はあまり起きません。しかし、雨水により下方に流されるので、多量の窒素施肥は地下水汚染や水系の富栄養化の原因になり、注意が必要です。

　このように、農地では硝化反応は好ましいものではなく、硝化菌はすっかり悪玉菌とみなされます。ところが水環境では一変します。魚介類は窒素分をアンモニア態窒素の形で排出しますが、これは濃度が高いと有毒です。小さな金魚鉢でたくさん飼うと金魚が死んでしまうことがありますが、その原因は酸欠かアンモニアの毒性によるものです。そこで、金魚鉢や水槽にエアーを入れると、硝化が進みます。硝酸態窒素は毒性がとても低いので、魚が死ぬことはまずありません。

　干潟では干潮のときに酸素が泥内に入り込み、硝化が進みます。満ち潮になると嫌気的になって脱窒が起きます。その結果、水系から窒素分が除去され、富栄養化による赤潮の発生が防止されます。つまり干潟は硝化・脱窒による巨大な自然の浄化装置といえます。このように、水環境では硝化菌は善玉菌なのです。

硫酸還元菌——水田の悪玉菌

　一九六〇年代までは、水田では窒素肥料として安価な硫酸アンモニウム（硫安）が多用されていました。すると、初夏までは順調に発育していたイネが、特に暑い年の成熟期に突然発育不良を起こし減収になり、ひどい場合には枯死してしまう現象が多発しました。これを

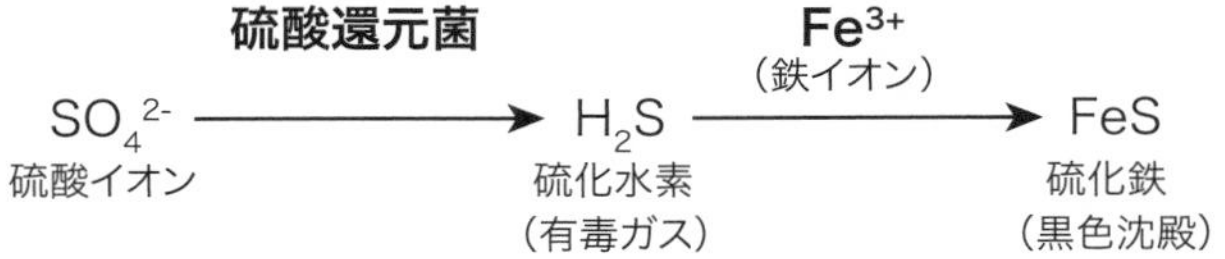

図2-17　硫酸還元菌による硫化水素生成のしくみ
発生した硫化水素は土壌中の鉄分と反応して黒色の硫化鉄となって沈殿する。

「秋落ち」といい、その原因は、硫化水素の発生によるイネの根の障害でした。

　硫化水素は、卵の腐敗臭のような特有の悪臭を持つ有毒ガスです。硫化水素を高濃度に含む温泉では、まれに入浴者が中毒して倒れることがあり、そのため硫化水素温泉では、浴室の窓は常に大きく開放され換気されています。

　水田では、硫化水素の発生は硫酸還元菌という細菌のしわざです(図2-17)。この菌は嫌気性菌で、酸素がある好気的環境では生きられないのですが、酸素のない嫌気的環境では、硫酸イオンがあると、それを硫化水素に変えて増殖します。水田では夏に還元層が発達し、硫酸還元菌の活動が活発になって硫化水素が発生します。このとき、土壌中に大量の鉄分が含まれていれば、硫化水素は鉄と結合して硫化鉄となり、これは黒色の沈殿となります。硫化鉄は水に溶けないためイネには吸収されず無害ですが、硫化水素が大量発生した水田では、イネの根本が黒色になり、どぶ臭(硫化水素臭)がします。

硫化水素の発生を防ぐには、硫酸イオンを含む肥料（硫安）の使用をやめることです。また、鉄分の少ない水田（老朽化水田）では、鉄分を肥料として散布することが有効です。このような対策によって、秋落ち現象はほとんどなくなりました。また畑土壌では、嫌気的になることはないので、硫安を多用しても硫化水素の発生はありません。

しかし、新しい問題も出てきました。水田の裏作にタマネギを栽培している地域では、タマネギの収穫後、すぐに代掻きをします。すると、タマネギの収穫残渣《ざんさ》にはイオウ化合物が多いため、それが分解されて硫酸イオンとなり、硫酸還元菌の増殖を促して硫化水素を発生させ、水稲の初期生育を遅らせます。図2－18のイネは、まさにそのような状態です。今のところうまい対策がなく、農家の頭痛の種です。

図2-18　硫化水素が大量発生した水田のイネ
根本が硫化鉄で黒色になっている。

さて、硫酸還元菌自身は、硫化水素を出すことで何の得があるのでしょうか。じつは硫酸還元菌は硫酸イオンを酸素ガスの代わりにして呼吸に使っているのです。これを硫酸呼吸といいます。嫌気性菌なのに呼吸するのですから、驚きです。脱窒菌が硝酸態窒素を使って硝酸呼吸をしていることに似ています。もし私たちが硝酸呼吸や硫酸呼吸をできるようになったら、どうなるでしょうか。硝酸カリウムや硫安の薄い溶液を飲めば、海の中でもエアータンクなしに呼吸ができるようになります。でも硫酸呼吸の場合には呼気に硫化水素が含まれるでしょうから、臭くて危険だと嫌われるでしょうね。

第3章

善玉菌を活用する——微生物資材

様々な微生物資材——効果は本当にある？

土の微生物の有益な働きを農業の現場で応用しようと、様々な微生物の利用が工夫されています。これらは微生物資材と呼ばれ、いろいろな製品が市販されています。根粒菌や菌根菌は代表的な微生物資材で、他にも堆肥化促進、畜舎の消臭、稲の発根・分けつの促進、植物生育促進、病害低減などがうたわれている製品が多数出ています。

根粒菌（第2章「根粒菌の働き——共生微生物2」）や菌根菌（同章「菌根菌、キノコが山を緑に？——共生微生物3」）などでは、効果をもたらすメカニズムが明らかになっています。それらを含有する製品では、微生物は純粋培養かそれに近い方法で培養され、品質管理がなされています。

ところが、じつは多くの微生物資材は複数の微生物を含有しており、しかも菌の種類や菌数を製造元でさえ把握していないという場合も少なくありません。微生物資材に関する多くの本や雑誌の特集などが出ていますが、それらの多くは使用者の経験談であり、客観的な証拠に裏付けられたものはきわめて少ないのが実情です。

それというのも、日本には微生物資材に関する公定規格がないからです。そのため玉石混淆で、製品のパンフレットや袋の表示には、その真偽が疑わしいものも見られます。

このような現状を改善するために、全国土壌改良資材協議会では二〇〇九年に自主表示基準を作り、主要微生物の名称と菌数、有効期間、pH、水分、全炭素等を表示するようになりました。これは大きな進歩です。

一方韓国では、国家基準が二〇〇七年から設けられ、含有微生物の種名とその菌数、培養法、有効期間、保管方法の表示に加えて、含有微生物の環境危害性の有無、病原微生物（大腸菌、サルモネラ、リステリア、黄色ブドウ球菌、セレウス菌）の有無、毒性物質の有無、効果を証明する試験について、国が指定する公的機関で検査を受けて合格する必要があるという徹底した基準で、世界的にも先進的です。これは、国際的な評価に耐える農産物を生産

表3-1　各種微生物資材の生菌率（EB/CFDA 二重蛍光染色法による）

		生菌率	
試料	用途	範囲（%）	平均値（%）
液体資材 14 点	堆肥化促進、畜舎消臭、発根促進、水質浄化など	0.2 ～ 100	28.4
粉末資材 9 点	堆肥化促進、生ごみ発酵分解など	3.8 ～ 100	44.3

染谷（2007）より作表

すべしという韓国政府の明確な政策が背景にあります。

筆者の研究室では、微生物資材の品質管理について研究していました。その分析法の一つに、微生物の「活きのよさ」を調べる方法があります。生菌と死菌を染め分ける蛍光染色法（四三ページ）を用いて市販の微生物資材を調べると、とんでもないことがわかってきました。口絵⑤はその一例で、製品に含有する微生物のほとんどが死菌です。きっと製造したては生菌ばかりだったのが、流通期間中にほとんど死滅したのでしょう。市販の微生物資材のうち、液体の製品では生菌率が平均二八％、粉末の製品では四四％でした（表3－1）。中には生菌率が一％以下というものさえありました。これでは、いかに優れた微生物でも期待される効果を出すのは難しいでしょう。

このような現状を考えると、とりあえず利用者としては、前記の協議会のように表示のしっかりしている製品を選び、自分でも効果を確認しながら使う必要があります。微生物資材を購入したつもりが「微生物死材」だったなんて困りますよね。

微生物資材の善し悪しを判定するには現場試験で確かめるのが一番確実ですが、このとき「対照区」を置く必要があります。「はじめに」で述べたように、土壌に散布混合すると放射性元素を分解して放射線量が下がるという微生物製剤がありました。この効果を実証するために、売り手は放射能汚染地域の空き地にこの微生物資材を散布してから表土一〇センチメートルくらいの深さまで混合して、処理前後の地表面の放射線量を測りました。その結果、確かに数値は半減したのです。一割程度までに減少した場合もありました。「微生物が放射性元素を分解した」と売り手は言いました。しかし、元素の分解（崩壊）は原子炉や核爆発の中でのみ起きる物理現象です。はたして常温常圧の日常空間で起きるものでしょうか？

それを明らかにするには、対照区を設定して調べる必要があります。それには、何も散布しないか、または熱殺菌して微生物を殺した微生物資材を散布して同じように土壌を攪拌します。さてこうすると、何も散布しないでも、熱殺菌した微生物資材を入れても、やはり放射線量が低減したはずです。

このからくりを見破るには土壌学の知識が必要です。土壌に含まれる粘土や腐植物質は陽イオン交換体といって、陽イオンを吸着保持する性質を持っています。放射性元素のセシウムやストロンチウムは陽イオンなので、空から降ったこれらの元素は土壌表面に吸着され、多少の雨が降っても下方に流されることはありません。そこで表土を攪拌混合したら、表面の放射性元素は下のきれいな土壌と混ざって薄まります。そのため、見かけ上は放射線量が下がるのです。この土壌表面への吸着現象は、放射性物質で汚染された表土を薄くはぎ取って集めることで土地の除染ができるということの根拠にもなっています。

このように対照区を置くことで、「スーパー微生物」をかたる微生物資材の多くを見破ることができます。

乳酸菌の農業への応用――害虫防除に効く？

以上に見てきたように、製品管理がしっかりしているのは、一部の製品に限られているのが現状です。しかし一方では、様々な「手作り微生物資材」を農家や市民が活用しています。この「草の根民活」というべきパワーは素晴らしいですが、やはり効果のほどは検証していく必要があります。

その典型が農業分野での乳酸菌の利用です。コメのとぎ汁などで自然の材料から乳酸菌を培養したり市販のヨーグルトを用いたりして、その希釈液を散布することで、害虫や植物病

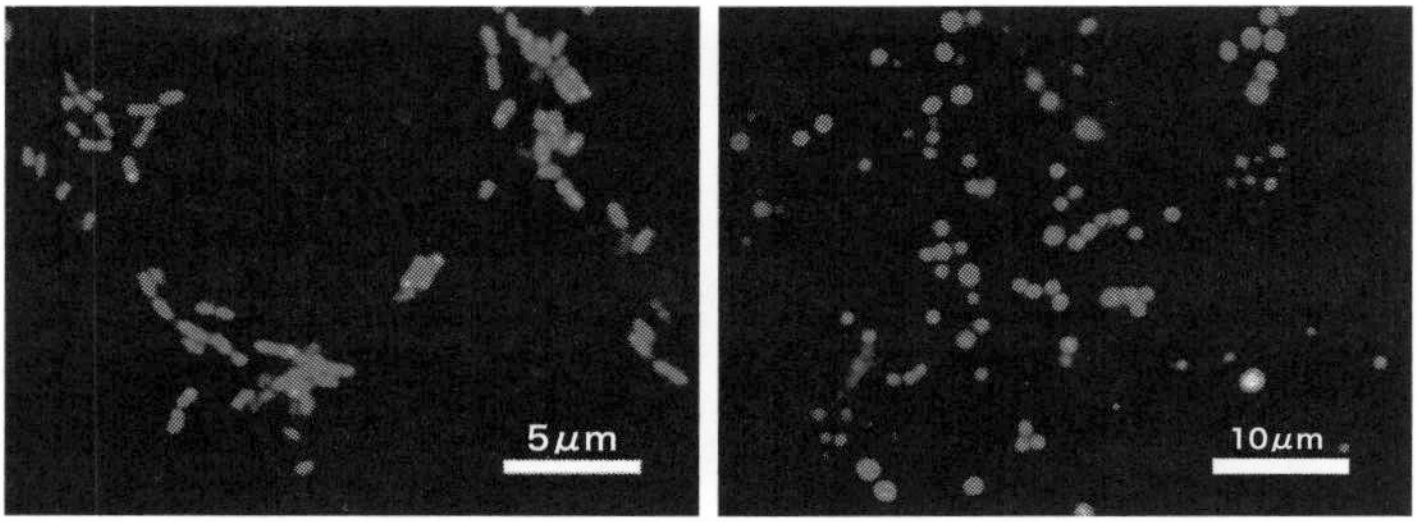

図3-1　発酵食品以外にも応用される乳酸菌
左：サイレージ用乳酸菌製剤のCFDA蛍光染色像。牧草やイナワラなどに散布してサイレージを作るための乳酸菌で、大手メーカーの製品。生菌率が90%以上で品質管理がよいことがわかる。
右：メタン発酵に使われる乳酸菌のEB蛍光染色像。この菌は、有機廃棄物から乳酸を大量に作る性質を持っているので、メタン発酵に利用されている。

害の防除、畜舎の消臭、農産物の品質向上などに効果があるという農家の体験談が、雑誌や新聞、ネット上にたくさん出ています。

乳酸菌は様々な発酵食品に使われています。また従来、畜産分野ではサイレージ（発酵牧草）を作る際に乳酸菌製剤を使っています（図3－1、左）。またメタン発酵では乳酸菌などがメタン生成菌の栄養源を供給するので重要です（図3－1、右）。

しかし残念ながら、乳酸菌の農業利用に関する科学的検証は緒についたばかりです。それでも、効果のメカニズムは、いくつか予想できます。たとえば畜舎の消臭については、乳酸菌の作る乳酸によるアンモニアの中和反応が考えられます。家畜ふん尿や堆肥の悪臭の主成分はアンモニアで、これがアルカリ条件下では揮発して悪臭の原因となります。そこで、何らかの酸を加えて中和して中性～酸性にするとアンモニウムイオンとなり、これは揮発しないので臭気がなくなります。

また害虫防除においては、希釈した発酵液によって昆虫の気門をふさいで窒息死させるという効果が可能性として考えられます。植物病原菌については、乳酸菌の作る乳酸や抗生物質による殺菌効果が考えられます。事実、ヒト病原菌に対しては、ある種の乳酸菌が抗菌性を示すことがすでに実証されています。

乳酸菌によるイネの葉いもち病防除に関する研究が新潟県で行われています。乳酸菌培養液の希釈液を散布することで、葉いもち病が軽減できないか圃場《ほじょう》試験しているのです。その結果、散布しない対照区と比べて、散布区では罹病程度が低くなりましたが、加熱して菌を殺した培養液でもほぼ同様の効果があったので、乳酸菌自体の効果ではなく、培養液成分の効果だろうと考えられています。

また京都府の研究では、白菜軟腐病が乳酸菌培養液の散布で軽減したという結果が得られています。しかしそのメカニズムの解明や実用化はこれからです。

このような研究が進めば、農家の努力を無駄にせず後押しするものになるでしょう。こういう研究が公的機関で今後増えてほしいものです。

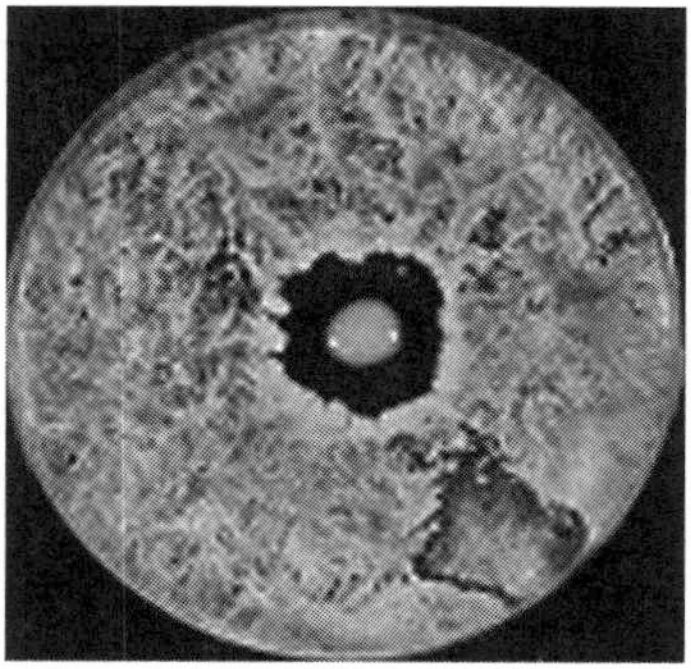

図3-2　拮抗菌による植物病原菌に対する発育阻止円
根圏から分離した拮抗菌（中央の小さいコロニー）が抗生物質を分泌して、周囲のナス立ち枯れ病菌（リゾクトニア）に対して発育阻止円を形成している。

植物生育促進微生物
——期待される微生物資材1

効果があると認められているのはどのような微生物資材でしょうか。たとえば、植物生育促進微生物があります。

植物生育促進微生物とは、文字通り植物の生育を促進する効果を持つ微生物のことで、英語（Plant Growth Promoting Microorganism）の頭文字を取ってＰＧＰＭとも呼ばれます。

ＰＧＰＭが植物の生育を促進する仕組みについては、ある程度解明されています。その主要なものは土壌伝染性の植物病原菌に対する拮抗作用で、これは抗生物質などの抗菌物質を生産することで病原菌の増殖を抑えるものです（図３－２）。

また、植物ホルモンを生産して植物の発育を促す微生

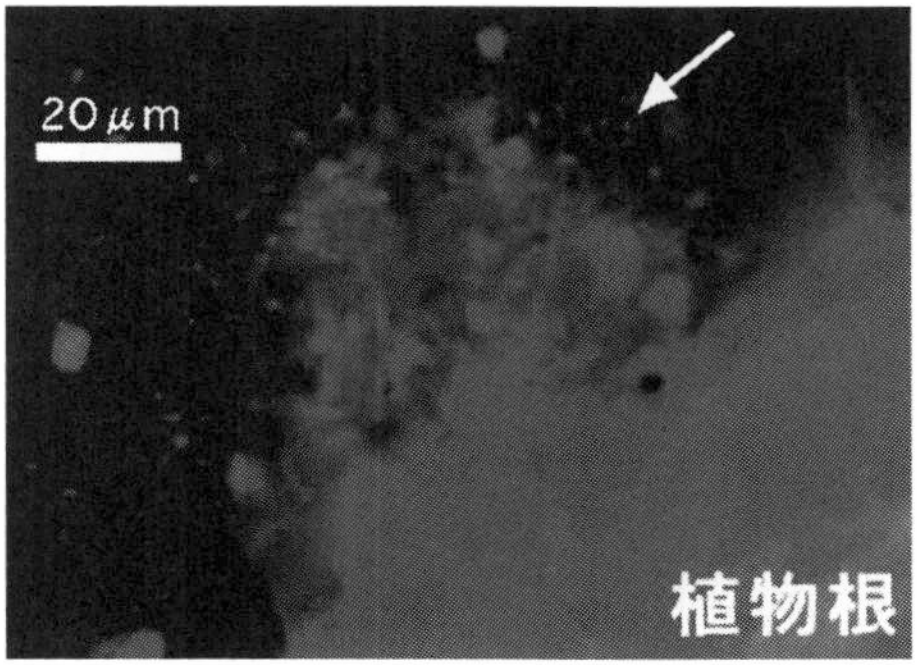

図3-3　根圏微生物（矢印）
植物根から分泌された粘液物質内に多数の根圏微生物が見える。

物もあります。ただし、植物ホルモンを大量に出す微生物は、逆に植物の成長を攪乱してしまうので有害です。

さらに、有機酸を大量に生産する微生物は、土壌中の不溶性リンを溶解して植物が利用できる形態に変えるので、リン溶解菌と呼ばれ植物生育を促進します。

これらの効果は、ＰＧＰＭが根圏（図３－３）に棲みついている場合に特に効果が高く、根圏の意味の英語（Rhizosphere）の頭文字Ｒを入れて、植物生育促進根圏微生物＝ＰＧＰＲＭと呼ばれます。

リゾクトニアやフザリウムなどの糸状菌には植物病原性を持つものが多いですが、これらの菌種で非病原性の菌株もあります。このような菌株を根圏に接種しておくと、同種の病原菌が根面から侵入するのを阻止して病害を軽減することが知られており、「先住効果」と呼ばれています。改心した悪人がガードマンとして活躍するようなものです。侵入手口（経路）をよく知っているためでしょうか。

さて、このような作用を持ち、実験室での試験では有望と考えられるＰＧＰＲＭが、圃場試験ではさっぱり効果が見られないこともよくあります。それは、ＰＧＰＲＭが根圏に定着して効果を発揮するには、多くのハードルを越えなければいけないからです。まず、多数の土着菌と栄養を巡って競合して打ち勝つ必要があります。また原生動物による捕食作用から逃れないと食べられてしまいアウトです。定着性には、土性（砂質か粘土質か）、土壌pH（酸性か中性かアルカリ性か）、土壌温度なども影響します。

ですから、どのような条件なら有効で、どのような場合には効きにくいのか、見極めながら使う必要があります。一般論としては、大手メーカーの微生物資材には、このような問題についてよく検討されている製品が多いです。また、本章冒頭に述べた全国土壌改良資材協議会のように業界基準を設定している製品は信頼性が高いといえます。

光合成細菌——期待される微生物資材2

今、農家の間で光合成細菌が話題になっています。本菌は英語（Photosynthetic bacteria）の略語でＰＳＢとも呼ばれ、バクテリオクロロフィルという光合成色素を持ち、嫌気的で光がある環境で光合成をします。ただしシアノバクテリア（三二ページ）と違い、光合成をしても酸素を発生しません。紅色細菌、緑色イオウ細菌など四つのグループに分けられています。

このうち紅色細菌は紅色イオウ細菌と紅色非イオウ細菌に分けられ、農業利用されているものは主に培養しやすい紅色非イオウ細菌で（口絵⑥）、菌液が赤く見えるため「赤菌」とも呼ばれます（口絵⑦）。ロドバクターなどの菌種があります。いずれも通性嫌気性といって酸素があってもなくても発育しますが、本領を発揮するのは何といっても嫌気明条件（空気がなくて明るい環境）です。

野外で嫌気明条件とは、湛水期の水田土壌で実現しています。イネの根際が赤く着色していたら、それは紅色イオウ細菌でしょう。ペットボトルを半分に切ったものや空き瓶などに水田土壌を詰めて湛水して窓際に置いておくと、本菌の動態を室内で観察することができます。このとき、残根やイナワラなどの有機物を入れておくと有機物分解が盛んになって反応がはっきり出ます。対照区として、瓶をアルミホイルで包んで遮光したものを作ると、さらに面白いでしょう。

このような湛水土壌を観察していると、やがて有機物から盛んに気泡が出てくるのに気がつきます。これは、有機物の好気的分解に伴い二酸化炭素が発生したためです。数週間すると、残根やイナワラが黒くなってきます。これは、硫酸還元菌の作用で硫化鉄の黒色沈殿ができたためです（五一ページ）。しかしこの黒色がしばらくすると薄まってきて、赤色か緑色に変化してきます。硫化鉄の黒色が薄くなるのは、光合成細菌、特に紅色イオウ細菌が硫化鉄を分解して硫酸イオンにしたためです。これはイネにとっては有害な硫化水素を軽減することにつながります。

一方、紅色非イオウ細菌は嫌気環境で発生する乳酸やコハク酸などの有機酸を分解する力が強いため、高濃度の有機物が含まれる畜産排水などの処理で威力を発揮します。

このようなことから、光合成細菌は農業上でも有用菌として多くの微生物資材が市販されています。用途としては、硫化水素の無害化、植物病原菌への拮抗作用、根の分けつ促進、収量増加などがあります。しかし今までもお話ししたように、個々の微生物資材はその使用条件が必ずしも明確になっていないものも多いです。増収したという場合でも、菌液に含まれる肥料成分が効いていた、ということもあります。対照区を立てて効果を見極めながら使うのがベストです。

家畜ふんや生ごみからエネルギー

農産廃棄物の利用は、ごみを資源に転換する重要な課題です。有機廃棄物は廃棄バイオマスとも呼ばれ、日本の重要な資源として見直されつつあります（「バイオマス」は有機物のことです）。

日本の有機廃棄物の排出量は年間約三億トンもあり、その約三〇％が家畜排泄物、約五％が農作物残渣（イナワラ、もみ殻、収穫物残渣など）で、合わせて一億トン超という膨大な量が農畜産分野から出ています。

図3-4　鳥栖《とす》市の企業が持つ小型のメタン発酵施設
生ごみや牛ふんを毎日500kg投入し、得られたメタンガスで常時約200kW（住宅約70軒分）の発電をしている。

家畜ふんや収穫残渣の資源化には堆肥化がよいのですが（第6章）、そのほかにも多くの方法があります。メタン発酵、飼料化、燃料化（バイオエタノール生産、バイオディーゼル燃料化、ガス燃料化、固形燃料化、炭化など）などです。

このうちメタン発酵は技術的にも確立して広く普及している方法です（図3－4）。原料としては生ごみがメタンガスの生産効率がいちばん高いのですが、家畜ふんや下水汚泥などを原料にした施設もあり、全国に家畜ふん用が約七〇ヶ所、生ごみ用が約五〇ヶ所、下水汚泥用が約二〇ヶ所、計約一四〇ヶ所あります。これらで生産されるメタンガスは年間計約一四〇万トンで、これは液化天然ガスの国内年間消費量の約八％に相当します。まだまだ多くはありませんが、いわば国産のガス資源が、ごみから得られているのです。

メタンガスを作るのはメタン生成菌（口絵⑧）ですが、この菌はじつは大変な「偏食家」で、水素と二酸化炭素、または酢酸かエタノールなどしか食べません。酢酸はともかく、水素と二酸化炭素を栄養源にするなんて、普通の生物にはとても真似できないことです。エタノールを栄養源にできるところは、ビール腹のお父さんと同じですが（!?）。

二酸化炭素はメタン発酵槽にはたくさんあります。そこで問題は、水素や酢酸、エタノールなどを廃棄バイオマスからどうやって作るかです。水素は、水素生成菌が酢酸や乳酸から作ります。酢酸や乳酸、エタノールは、それぞれ酢酸菌や乳酸菌、エタノール生成菌がグルコースなどの糖類を栄養源にして作ります。グルコースは、デンプンからデンプン分解菌が、あるいはセルロース（ワラや紙の主成分）からセルロース分解菌が作ります。

そうしてみると、メタンガスは、メタン生成菌だけがいればできるものではないことがよくわかります。ですからメタン発酵は、メタン生成菌を最終走者にした、多くの微生物たちの連係プレーによって初めて可能になる、いわば「微生物駅伝」なのです。このことをよく理解しておかないと、メタン生産効率が悪くなることがあります。メタン発酵は比較的古くからあるバイオ技術ですが、このような微生物の仕組みをよく理解することが大切です。

第4章 環境を浄化する微生物

石油を分解する微生物

微生物には様々な働きがあり、他の生物ではとても真似のできないことをやってのけます。その代表的なものは、石油や農薬を分解する能力でしょう。これを利用して土壌や海の浄化を進める技術が発達しています。すなわち微生物による環境浄化で、バイオレメディエーション（bioremediation、バイレメ）といいます。bio は生物、remedy というのは直す・治療するという意味の英語で、まさにバイオの力で環境を治すわけです。

世界で初めてバイレメが実施されたのは、アラスカ沖でエクソン社の石油タンカー・バルディーズ号が座礁して大量の原油が漏れ出した一九八九年のことでした。原油は海洋で徐々に広がり沿岸部にまで漂着して、数十万羽の海鳥や数千頭の海棲哺乳類が被害を受け、魚介類も壊滅的な打撃を受けました。

このとき、海に常在する石油分解菌を活性化して分解浄化を進めるという試みが行われました。これをバイオスティミュレーション（biostimulation）といいます。スティミュレート（stimulate）というのは「元気づける・活性化する」という意味です。これには、海や汚染した海岸に界面活性剤と栄養塩類を散布するという方法がとられました。界面活性剤は水と油を混ぜ合わせる働きを持つ物質で、洗濯用の合成洗剤がそうです。石油分解菌は油と接触しないと分解ができないので、界面活性剤によって接触効率が高まり分解が早まるのです。また分解菌にとって石油成分は炭素源といって、エネルギー源や細胞を作るための材料になります。

しかし、窒素やリン酸、カリウムなどの無機塩類（ミネラル分）もないと分解は進みません。これは、私たちが白飯（炭素源）だけでは栄養が偏り、肉や魚（窒素源）、野菜類（リン酸、カリウム）も必要なのと同じです。ただし微生物には窒素源としては有機性の窒素（肉や魚のタンパク質）は必要なく、アンモニウムや硝酸イオンなどの無機態の窒素も利用できます（これも、微生物特有の芸当です）。石油分解菌にとって石油は白米のようなものなのです。そこで、窒素とリン酸、具体的には窒素肥料とリン酸肥料が、現場海域に散布されました。窒素肥料には硫安（硫酸アンモニウム）などの安価な化学肥料が、リン酸肥料としてはリン酸ナトリウムなどが使われました。なお、カリウムはもともと海水中に豊富にあるので、散布する必要はありません。

しかし残念ながら、バルディーズ号事件のときにはバイレメが成功したかどうかはっきりわかりませんでした。これは、広い海洋の中で、処理をした区域が潮流や風で流され、どこだかわからなくなってしまったからです。また沿岸部には岩礁が多く、複雑な地形のために処理効果が判然としませんでした。

日本で初めて海洋事故でのバイレメが実行されたのは、日本海で石油タンカー・ナホトカ号が座礁した一九九七年のことです。石川県から鳥取県に及ぶ広範な海と沿岸が重油によって汚染され、漁業や海棲生物に甚大な被害を与えました。このときは全国からボランティアが集まり、海岸に漂着した重油を柄杓を使って人海戦術で回収するという作業が繰り広げられました。このとき、石油分解菌製剤の散布実験が沿岸部で実施されました。これは、大学有識者、バイレメ企業、地元漁協、石油会社などが参画して作られた「ナホトカ号海洋油汚染バイオレメディエーション研究会」が実施した現地実験で、アメリカ産の石油分解菌製剤「オッペンハイマー・フォーミュラ」がコンクリート製の海岸部分に散布されました（図4

図4-1　海岸でのバイレメ現場試験風景
コンクリート・ブロックに重油が付着して黒くなっている区域に、石油分解菌製剤オッペンハイマー・フォーミュラ（白色粉体）を散布している。ナホトカ号海洋油汚染バイオレメディエーション研究会（1998）より。

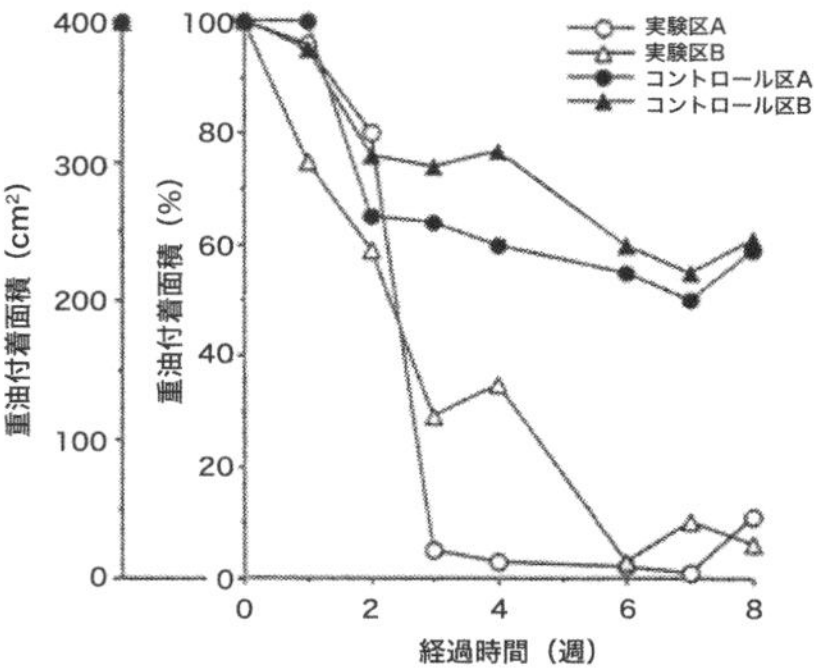

図4-2　バイレメの現場試験の効果
コンクリート・ブロック（図4-1）での現場試験で、無処理区（●と▲の2ヶ所）では8週間後に重油付着面積が約60%に減少した。これは自然の浄化効果を示す。バイレメ処理区（○と△の2ヶ所）では3～6週間後に重油付着面積が10%以下になり、90%以上が浄化された。ナホトカ号海洋油汚染バイオレメディエーション研究会（1998）より。

－1）。この区画を定期的に写真撮影し、重油で真っ黒に汚れた面積が浄化によりどれくらい減っていくか記録されました。なお、分解菌に加えて界面活性剤と栄養塩類が併用されることも多いのですが、このときは生態系への悪影響を考慮（次項参照）して、使用されませんでした。その結果、自然のままだと八週間後でも四〇％程度しか浄化されなかった重油が、散布処理した区画では三～六週間後にはほぼゼロにまで下がりました（図4－2）。このように、分解菌を現場に撒くことで分解を進める方法をバイオオーグメンテーション（bioaugmentation）といいます。オーグメントとは「増強する」という意味です。

この現場試験では、自然浄化だけでも多少は効果があることも実証されました。放置しておいても八週間で約四〇％浄化されたからです。これは、波で削られたり自然界に常在する石油分解菌により分解されたりしたためです。

バイレメは安価

さて、ナホトカ号事件のときに使用された石油分解菌製剤を開発したのは、当時テキサス州立大学海洋学部の教授だったカール・オッペンハイマー先生でした。オッペンハイマー・フォーミュラというのは純粋な微生物ではなく、何十種類もの微生物の混合物で、石油の他にも、有機溶媒や農薬も分解する優れもので、土壌の汚染物質の分解浄化にも適用されています。海水と土壌というまったく異なる環境にも適用できるという、大変珍しい微生物資材ですが、定期的に分解能を試験して品質を管理しているところに驚異的な能力が維持されている秘密があります。

当時ちょうど筆者の研究室でも土壌中の石油分解菌の研究をしていたので、オッペンハイマー先生が来日されたときに佐賀大学にも寄っていただき、さらに九州内をご案内しました。とある温泉の源泉では、この中には有用な微生物がいそうだからと試料を採取しました。このときには、石油分解菌を研究していた大学院の学生と、日本で最初のバイレメ専門の会社を立ち上げて、オッペンハイマー・フォーミュラの国内代理店をしていた社長も同行していました。その後、この学生は卒業してこの会社に就職し、全国の汚染土壌を浄化する仕事に従事しました。卒業生がバイレメで活躍しているのは嬉しいことです。

さて、バイレメの長所は低コストで、しかも汚染現場で浄化処理ができること、環境に対する攪乱が少ないことなどです。一方、短所としては、長期間かかること（普通数ヶ月から数年間）、高濃度の汚染には対処しにくいこと、環境に悪影響が出る場合のあることなどです。環境への悪影響とは、界面活性剤による魚介類に対する毒性、窒素やリン酸の投入による富栄養化などです。このため、海では漁業への悪影響や富栄養化による赤潮の発生などが、また土壌では地下水の富栄養化が懸念されます。それでも、汚染が広がるよりはましだから使われるのです。

バイレメ以外の浄化処理としては主に物理的処理法があり、その多くの場合、汚染土を掘り起こして焼却炉に運搬し焼却処理をします。ただしこのとき、処理費用（輸送費用と焼却費用）には、土壌一立方メートル当たり五万〜一〇万円かかります。仮に一坪（約三・三平方メートル）の土地が三メートルの深さまで汚染されているとすると約一〇立方メートルになり、五〇万〜一〇〇万円の処理費用がかかることになります。汚染土壌を浄化処理して更地として転売するのに浄化費用がこれだけかかるとしたら、その土地はそれ以上の値段で売れないといけません。しかし坪単価が五〇万〜一〇〇万円を超える場所は地方都市にはまずありません。つまり首都圏のような土地価格が高い場所でしか物理的処理法は採算が合わないのです。

このようなことから、日本の石油汚染土壌の浄化処理の約四割にはバイレメが使われています。

なお、タンカー事故による油流出の場合には、まず油吸引ポンプやオイルフェンス、油吸着マットなどを用いた物理的浄化法を用い、海面に薄く広がった油や漂着油に対してバイレメを施すのが一般的です。

農薬や有機溶剤を分解する微生物

バイレメを進めるには、目的の物質を分解できる微生物を土壌や海水中から探し出し、その微生物が活躍するための環境条件を明らかにする必要があります。また、微生物を大量に接種して浄化を進めるバイオオーグメンテーションの場合には、分解菌を純粋に分離した上で、どんな酵素を使って分解するのか、どんな種類であるか、どんな培養法がいいか、さらにはヒトや動物、植物の病原菌ではないことを確かめる必要もあります。

しかし、目的とする物資を分解する微生物を探し出すには、どうしたらいいのでしょうか？　それには、「集積培養」という手法がよく使われます。分解させたい物質を少量含む液体培地に土壌などを少し加え、現場を想定した温度（土壌なら二〇～三〇℃、海なら一〇～二〇℃）に保温して数日～数週間置きます（これを「インキュベーションする」といいます）。すると、分解菌が増えてくるので、これを詳しく調べたり、純粋な菌株として取り出したりします。

この方法は、オランダの微生物学者マルティヌス・バイエリンク（一八五一―一九三一）が一九世紀の後半に考案したもので、彼はこの手法で硫酸還元菌やイオウ酸化細菌など特殊な能力を持つ微生物を次々と発見していきました。
　さらに、集積培養を効率よく進めるための道具が二〇世紀後半に開発されました。それを「還流土壌装置」といいます（図４‐３）。これは、フラスコを細工した簡単な装置で、フラスコの首の部分に土壌試料を詰め、フラスコの底部に還流液を入れます。還流液には、目的とする物質と無機塩類（普通、窒素、リン酸、カリウムなど）を入れます。エアーポンプを使って装置に空気を吹き込むと、空気とともに還流液がフラスコの上部に移動し、土壌にかけ流されます。こうすると、数日～数週間で目的の分解菌が集積培養されていくのです。

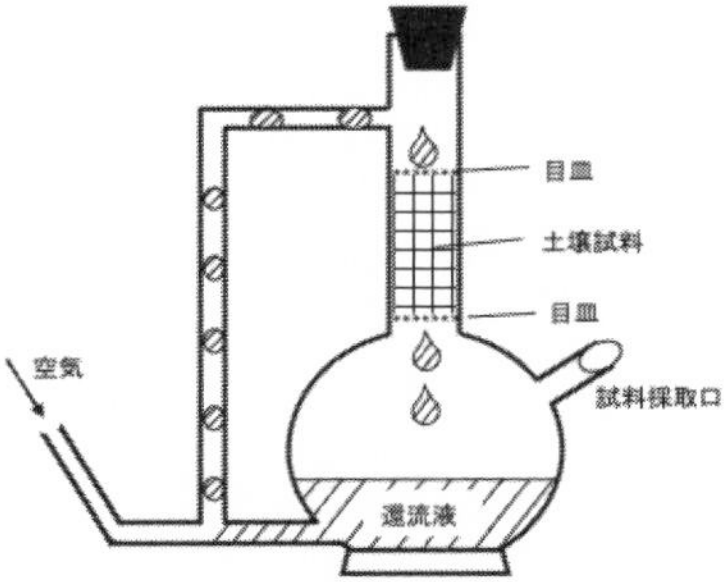

図 4-3　還流土壌装置
土壌中の分解菌を効率的に集積培養できる。

　この手法を用いて、様々な難分解性物質を分解する微生物が次々と発見され研究が進みました。たとえばＤＤＴやディルドリンなどの難分解性有機塩素系農薬や、トルエン、トリクロロエチレンなどの有機溶媒を分解する微生物です。不思議なことに、自然界には存在しなかった人工的化学物質である有機塩素系農薬のほとんどが微生物によって分解されることがわかっています。微生物の能力はなんと多様で素晴らしいことでしょうか！

日本では一九八〇年代にトリクロロエチレンによる土壌や地下水の汚染が大きな社会問題となりました。この物質はＩＣチップなどを洗浄するために使われる有機溶剤で、水よりも揮発性が高いため洗浄後の処理が容易で、ＩＣ工場などで大量に使用されました。しかし、弱い発がん性があり神経毒性もある物質で、使用済みのトリクロロエチレンの管理がずさんな時代に、保管容器として使用していたドラム缶が腐食して漏れ出し、いつの間にか土壌汚染を引き起こしていたという事例が相次ぎました。

このとき、土壌を掘り起こして含有するトリクロロエチレンを除去する作業や、汚染された地下水をくみ上げて活性炭などに吸着させて浄化するなどの物理化学的処理方法が主にとられましたが、コスト高が問題でした。

そこで、当時の通産省のＮＥＤＯ（新エネルギー・産業技術総合開発機構）が大手ゼネコン各社のバイオ部門を集めて研究チームを組織して、本格的な国産バイレメの技術開発に乗り出しました。これは一九九五年から五年間のプロジェクトで、筆者は評価委員の一人として参画しました。試験場所には千葉県内の実際に土壌汚染が起きた区域が選ばれました。

まず土着菌を活性化する方法（バイオスティミュレーション）が実施されました。当時、トリクロロエチレンを分解して栄養源にできる微生物は見つかっていませんでした（原理的に考えて、たぶんこれからも見つからないでしょう）。しかし、メタンやトルエンを分解で

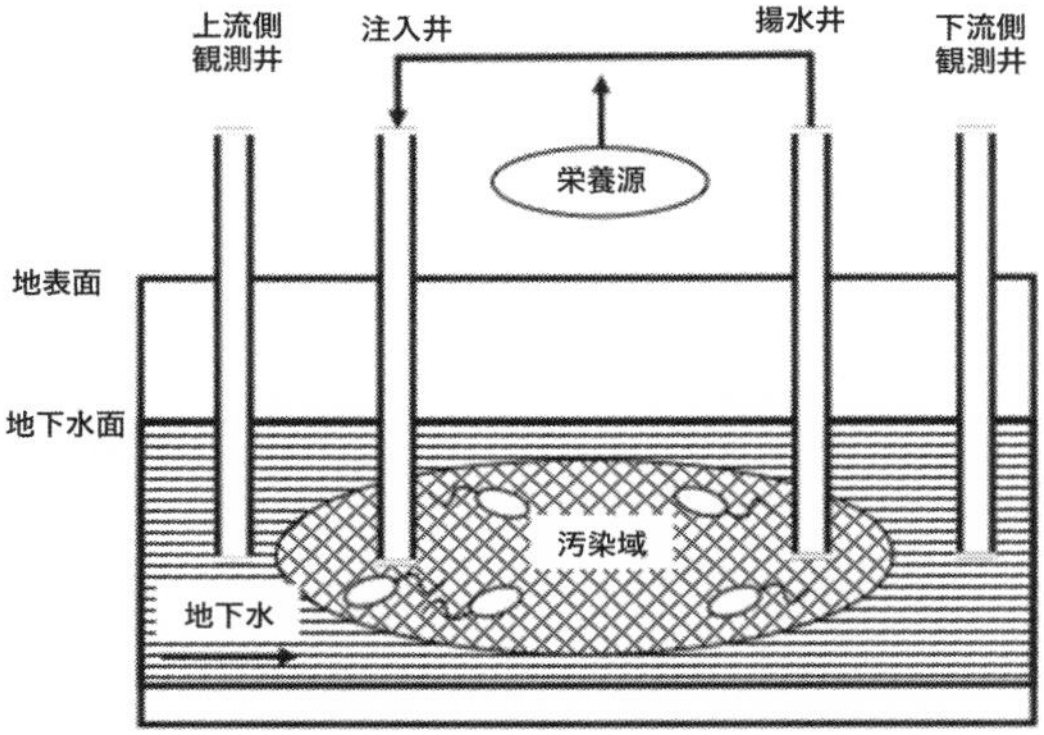

図4-4　土壌に常在するメタン分解菌を利用したトリクロロエチレンの分解浄化の模式図
注入井から栄養源としてメタンガス（CH_4）や酸素（O_2）、栄養・塩類（N・P）を注入する。

きる細菌では、それらを分解する際に使う酵素がトリクロロエチレンもついでに分解することがわかっていました（これを共代謝といいます）。そこで、土壌中に常在するメタン分解菌を活性化する方法、具体的にはメタンと酸素と無機塩類を土壌に注入する方法が採用されました。このとき、メタンガスと酸素がある一定の割合で混合されると爆発するので、そうならないよう慎重に混合されて注入されました（図4－4）。

約三ヶ月間の処理の結果、地下水中のトリクロロエチレン濃度は約三割低下しました。確かにバイレメの効果はあったのです。しかしまた、劇的な効果は出ないということも明らかになりました。微生物の作用は遅く、時間がかかるのです。

次に、強力な分解菌を地下に接種する方法が試みられました。バイオオーグメンテーションです。これにもメタン分解菌が用いられ、大量の菌体とメタンガスなどが汚染現場に注入されました。その結果、トリクロロエチレンを九割以上分解できたという結果を得ました。ただし注入から二週間を超えると効果が落ちてくることもわかりました。このときはその原因がわからずじまいでしたが、今の土壌微生物学の知識から見ると、土壌に常在するアメーバなどの原生動物が分解菌を捕食して菌数を大幅に減らしてしまった可能性が考えられます。外部から来た分解菌は丸々と太っていて、原生動物には大ごちそうに見えたに違いありません。

このような試験研究の結果、バイレメの有効性と限界が明らかになってきました。問題点としては、分解を進めるには地下に注入した分解菌と汚染物質との接触が重要だけれども、それは自然拡散に頼るしかないので効率が低いこと、分解菌が繁殖すると地下水の流れを妨げて流路を変えてしまうため、汚染物質との接触が悪くなること、などがわかってきたのです。さらに、分解産物が逆に猛毒物質となる場合もあることがわかってきました。トリクロロエチレンは理想的には二酸化炭素と水にまで分解されますが、きわめて有毒なトリクロロ酢酸が分解産物としてできる経路にはまり込むと、そこで分解がストップして、トリクロロ酢酸が蓄積してしまうのです。

分解菌の力を増強させるために、遺伝子組み換え菌を使うという方法があります。NEDOのプロジェクトでも、フェノール分解菌の組み換え体を利用し、実験室内で試験されました。共代謝によりフェノールの分解酵素は、トリクロロエチレンも分解するのですが、その分解酵素は必要に応じて生産される仕組みになっていました。そこで遺伝子に細工をして、分解酵素が常時生産されるように改変したのです。その結果、分解力が四倍に増強されました。

しかしこのような組み換え微生物を実際に環境浄化に使うことは、国際的に禁止されています。それは、ひとたび土壌に接種した微生物について、後になってから不都合なことがわかっても、死滅させることが不可能だからです。優秀な分解菌が、じつはヒトの病原菌でもあったと後で判明したなどということは、バイレメの初期には珍しくありませんでした。また遺伝子組み換えは、目的の遺伝子だけを改変したという保証はないので、何か有害物質を生産する仕組みも付加される恐れもあります。しかも水平伝播といって、他の細菌に遺伝子を渡す仕組みがあり、多くの土壌細菌に悪い性質が移ってしまう恐れもあります。

このようなことから、経済産業省と環境省がバイレメの安全性に関わる指針（二〇〇五）を公表しています。遺伝子組み換え微生物の使用禁止はもちろんのこと、使用する分解菌に病原性がないことの確認、バイレメによって土壌常在菌への悪影響がないかどうか調べることなどが指摘されています。特に住宅密集地でバイレメを実施する場合には、付近住民への丁寧な説明を行い、ＰＡ（Public acceptance、社会的合意）を取ることが重要です。

第5章　土の中の病原菌

土からやってきた病原菌――温泉に潜む危険

土壌には、まれですがヒトの病原菌も棲みついていることがあります。代表的な病原菌はレジオネラ菌です（図5－1）。この細菌は、もともとは土壌常在菌だったのに、人間が作った人工的な環境に新天地を見つけて適応し、病原菌としての性質を強めてしまった細菌です。発見のきっかけは一九七六年、アメリカのある老舗ホテルでのパーティーです。それは全米在郷軍人会の年次大会で、五日間の会期中に原因不明の肺炎が集団発生し、その後も患者が増え続け、最終的に二二一人の発症、二九名の死亡に至りました。在郷軍人病と名付けられたこの未知の病気は不思議なことに、ホテルの前の大通りをただ歩いていた人たちにまで広がりました。後にこれが新種の細菌、レジオネラ菌のしわざということが判明しました。「レジオネラ」とは「在郷軍人」の意味です。

この菌は冷却塔の水中で増え、老朽化した空調設備の配管を通して室内空気に入り込み、また冷却塔からのしぶきを介して飛散したのでした。感染力は弱いのですが、免疫力の弱い乳幼児や高齢者には猛威をふるいます。在郷軍人会とは、まさに高齢者の集まりです。

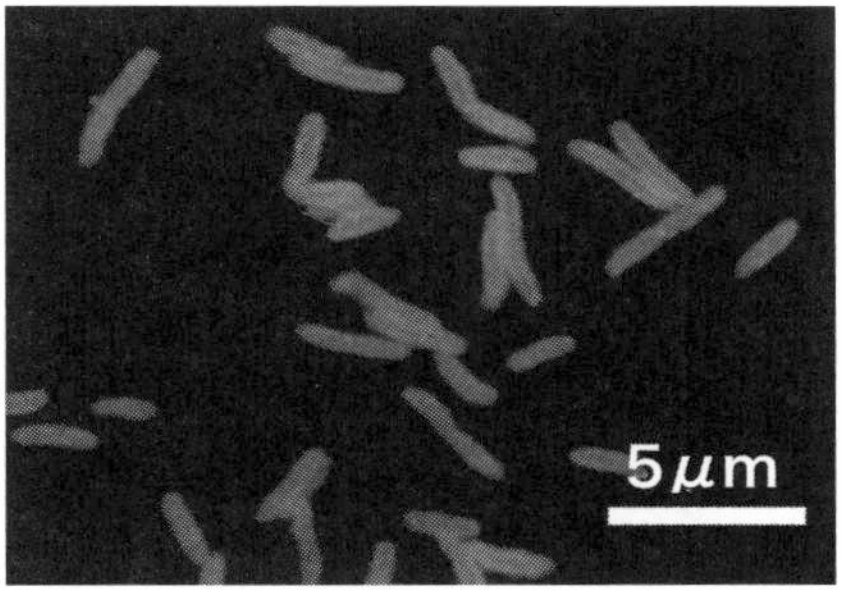

図5-1　レジオネラ菌の蛍光顕微鏡像（CFDA法）
もとは土壌に棲みつく病原菌で、肺炎などを引き起こす。

この事件をきっかけに、冷却塔の汚染によるレジオネラ症が世界中で見つかりました。特に病院では抵抗力の弱い病人がいるため重症になりやすく、日本でも多発しました。

さらに日本では、二四時間風呂や循環式温泉施設での集団感染が相次ぎ、二〇〇〇年以降の四年間で、全国約一〇ヶ所、計四〇〇名以上の感染者、約二〇名の死亡者が出ました。これは、温泉水の循環装置の中に菌が棲みついて温泉水を汚染し、温泉水のしぶきを吸い込んだ人が感染したことが原因で、亡くなられたのはやはり高齢者ばかりでした。温泉に入って死ぬことがあるなどと、誰が思ったことでしょう！

現在では、冷却塔や循環式温泉の衛生管理や検査法が進んで、レジオネラ菌は鳴りをひそめました。しかしこのように、便利で新しい技術の隙を突いて思わぬ災厄が起きないよう不断の注意が必要です。

土壌に潜むヒトの病原菌には、このほかにボツリヌス菌やセレウス菌、炭疽菌などがあります。特に炭疽菌は病原性がきわめて強い細菌ですが、幸い日本ではまれです。ただしバイオテロの道具として使われることがあり、二〇〇一年に米国で起きた九・一一同時多発テロの際に郵便物に入れられ、数十名が感染し、数名が死亡しました。

日本ではオウム真理教が独自に炭疽菌を土壌から分離培養して、一九九三年に東京都内で散布しました。幸い無毒株だったため被害はまったくありませんでした。筆者の研究室では、環境試料中の炭疽菌を迅速に検出する蛍光染色技術を開発しました（口絵⑨）。こういう技術がバイオテロの対策や防止につながればと思います。それにしても炭疽菌は本来土壌中で地味に暮らしていた菌なのに、人間に悪用されて、さぞ憤慨していることでしょう。

ボツリヌス菌——新技術が生んだ災厄

土壌に潜むヒトの注意すべき病原菌にボツリヌス菌があります。この菌は嫌気性の芽胞菌で、芽胞は熱湯の中でも生存できる耐久性の高い休眠細胞です。ボツリヌス菌の芽胞はマッチ棒のような特徴のある形をしています（図5－2）。自然界では沼地の泥などの嫌気的な環境中に生息しています。

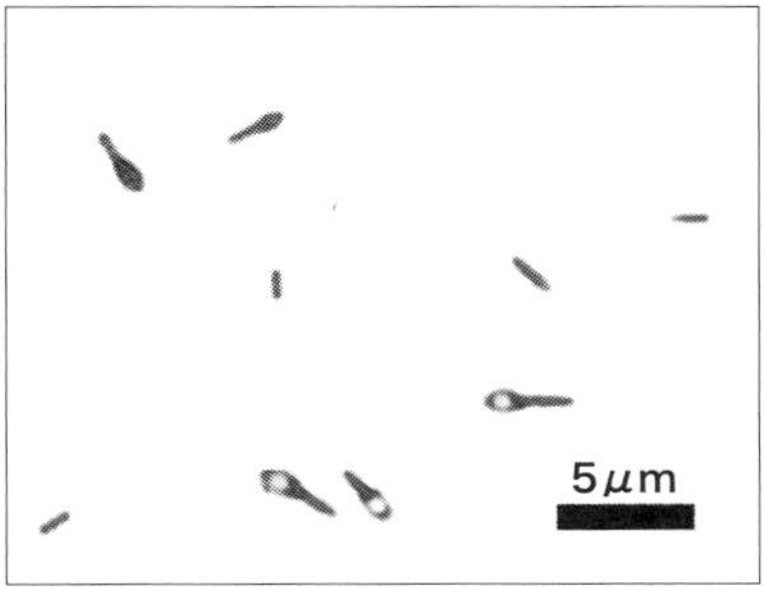

図5-2　ボツリヌス菌のグラム染色像
マッチ棒の先端のような膨らみが芽胞。

欧米ではソーセージやハム、缶詰を介した食中毒で知られています（「ボツリヌス」はラテン語でソーセージの意味）。缶詰は、密閉したあと熱湯の中に沈めて殺菌処理されますが、本菌の芽胞は沸騰水中でも数時間加熱しないと死滅しません。そのため殺菌時間が短いと生き残り、酸素の少ない缶詰内で増殖して、ボツリヌス毒素という強力な毒素を作って食中毒を引き起こし、時には命に関わります。

日本では北海道や東北地方の「いずし」「なれず

し」などの郷土食でまれに食中毒が発生していましたが、一九八四年、熊本県で大規模な集団感染事件が起きました。それは、辛子レンコンを介したもので、三六名が感染し、うち一一名が死亡しました。

図 5-3　熊本名物辛子レンコン
筆者の大好物。作りたては食中毒の心配もなく、おいしい。

辛子レンコンは、茹でたレンコンの穴に辛子味噌を詰めて天ぷらにした熊本の郷土料理です（図５－３）。その際の調理温度は、油温は一八〇℃くらいですが、天ぷら内は水分があるので一〇〇℃を超えることはありません。そのため、ボツリヌス菌が混入していると、その芽胞が生き残ることがあります。レンコン田の泥には本菌が生息している場合があり、また、辛子味噌に加える蜂蜜にも本菌が混入していることがあります。

しかし、調理して数日以内に食べればまったく問題ありません。多少の菌を飲み込んでも、毒素を作っていなければ無害だからです。熊本ではこういう食べ方で、江戸時代から長らく安全に食べられていたのです。

それでは、なぜ辛子レンコンで事件が起きたのでしょうか？　それは、真空包装という、当時ではまだ珍しい技術が使われたためです。真空包装は、密閉した包装内の空気を排除することで好気性菌の増殖を抑制し、変敗・腐敗を防ぐ技術です。辛子レンコンをビニール袋で密封して、しかも常温で流通販売したため、消費されるまでの数日間のうちに増殖し、毒素が生産されたのです。密閉容器内は、嫌気性菌であるボツリヌス菌にとってまさに好適な環境になります。食前加熱すれば、毒素は熱で分解してしまうので食中毒は起きなかったはずですが、この食品はそのまま切って食べるのが一般的です。

このように辛子レンコン事件は、真空包装を過信した甘い衛生管理により、起こるべくして起きた事件といえます。しかし今では、衛生管理が徹底され冷蔵・冷凍で流通販売されていますから、どうぞご安心ください。

なお乳児は免疫系が発達していないため、ボツリヌス菌を飲み込むと腸管感染を起こして重篤化します。そのため蜂蜜の瓶には、「乳児に食べさせないで」と表示されています。腸内環境が整う一歳を過ぎるまで、少量でも食べさせないようにしてください。もちろん、多少加熱処理しても芽胞は死なないのでダメです。

食中毒菌はどこから来る？

二〇一二年の夏、札幌とその周辺地域で介護保険施設などを中心に食中毒が発生し、感染者一六九名、死者八名が出ました。原因は腸管出血性大腸菌O157：H7（以下大腸菌O157）という細菌でした（口絵⑩）。大腸菌の多くは非病原性ですが、O157などの血清型を持つ一部の菌株は強力な毒素を作り、腸管感染だけではなく溶血性尿毒症症候群や脳症を引き起こし、命に関わることもあります。

この食中毒事件の原因食品は、なんと浅漬けでした。ハクサイ、キュウリ、ニンジンに調味料や酸味料を加えて製造されたもので、製造施設の衛生管理が不十分であったために、野菜に付着した本菌が殺菌されず、周囲の野菜に汚染が拡大したと結論づけられました。

本来のハクサイ漬けであれば、発酵により乳酸などが蓄積して酸性になり、たとえ病原菌が混入したとしても死滅するか増殖が抑えられます。しかし浅漬けはいわばドレッシングをかけたサラダのようなものなので、より厳しい衛生管理が必要だったといえます。

じつはキュウリやハクサイの浅漬けによる被害はこれが初めてではなく、数年おきに数名から数十名の規模で発生しています。やはりいずれもお年寄りが被害を受けています。

さらに、生鮮野菜を介した大規模な食中毒は欧米で毎年のように発生しています。米国、カナダ、ドイツなどで、トマト、レタス、アルファルファ・スプラウト（カイワレ菜に似た芽もの野菜）、ハラペーニョペッパー（青唐辛子の一種）、カンタロープメロンなどを介して、大腸菌O157やサルモネラ、リステリアなどによる食中毒で感染者数十名〜数千名、時に死亡者数名～数十名が出ています。

そもそも、どうして生鮮野菜がヒトの病原菌に汚染されるのでしょうか？　大腸菌O157の場合、それは牛ふんからです。欧米ではウシの〇・三～一六％が本菌を保菌しています。我が国では従来〇・三～一・五％でしたが、最近一〇％前後の例も出ています。ウシ自体は本菌を保菌していても病気にならないので、畜産農家は気づきません。

しかし、牛ふん堆肥を製造するときに、切り返しや水分調整などが不十分だと温度が上がらず、熱による殺菌効果が弱まって大腸菌O157が生き残る可能性があります。堆肥を介して土壌に混入した本菌は数ヶ月間生き残る場合もあります。

図5-4　牛ふん堆肥
適切な管理により高温（60℃以上）を保っている。

ですから、牛ふん堆肥の製造で適切な温度管理により完熟させることは、衛生管理上とても重要です（図5－4）。さらに牛ふん堆肥に限らず堆肥を使用する際は、完熟しているかどうか判断することをお勧めします。その簡単な目安は日本施設園芸協会の「生鮮野菜衛生管理ガイド」に出ています（この名称でネット検索すると、ＰＤＦ版をダウンロードできます）。

農産物の安全性は、消費者の一番の関心事です。米国の大腸菌Ｏ１５７汚染野菜事件では、輸入した韓国、オーストラリア、カナダでも感染者が出て国際的な問題となりました。日本の農産物は安全安心だと世界に誇れる品質を確保したいものです。

第6章　堆肥と微生物

堆肥とは？

前章で、生鮮野菜の病原菌汚染を防ぐためには完熟堆肥を使うことが大切、という話をしました。また、肥沃な土を作る上でも堆肥の利用は欠かせません。そこで、良い堆肥とはどういうものか、考えていきましょう。

堆肥とは何かという定義は意外と難しいものです。『広辞苑』（第七版）では「藁・ごみ・落葉・排泄物などを積み重ね、自然に発酵・腐熟させて作った肥料」とあります。原料はその通りですが、「腐熟」とは腐り熟すことで、本来の性状を損ねて劣化させるという含意がありますからこの表現は妥当ではありません。

英語では、家畜ふんやワラ類、またはそれらを混合して数ヶ月間堆積したものをマニュア（manure）と呼び、それらをさらに何度も攪拌したり強制通気したりして好気的な有機物分解を促進したものをコンポスト（compost）と呼んで区別しています。日本語の「堆肥」は、manureとcompostの両方を含む言葉ですが、今日的にはコンポストの意味に近いニュアンスで用いられることも多いです。

そこで本書では、「堆肥とは、ワラ・生ごみ・落葉・家畜排泄物・汚泥等を積み重ね、頻繁に攪拌して好気的な微生物処理により得られる有機質肥料」と定義します。

日本の法律（肥料取締法）では、堆肥や米ぬかなどの有機質肥料は「特殊肥料」に、それ以外の有機質肥料や各種の化学肥料は「普通肥料」に区分されています。特殊肥料には原料や含水量などの表示義務がありますが、品質等に関する公的規格はなく、生産・販売は知事への届け出制で、法的取り扱いは比較的簡略です。一方、普通肥料には品質や保証成分量、重金属含有量等に厳密な公定規格があり、大臣（種類によっては知事）への登録制です。

注意すべきことは、この法律で汚泥（下水汚泥や食品排水汚泥等）を原料とする「汚泥堆肥」は「汚泥発酵肥料」と呼ばれ、堆肥ではなく普通肥料に区分されていることです。これは、汚泥に重金属が含有される場合があり、それを厳重に取り締まる必要があるためで、家畜ふんや生ごみに汚泥を少々添加して堆肥化した場合もこれに該当するので、注意が必要です。

堆肥の科学

堆肥化は、生ごみや家畜ふん等の有機物に水分調節材を添加して堆肥化に好適な水分条件（含水率五五〜六〇％）にしたのち、堆積して切り返し（攪拌）をときどき行い、微生物の好気的分解を促すことで行います。水分の測定は結構手間がかかるので、普通は感覚的に判断します。堆肥を手で握ってから手を開いたとき、堆肥の団子が少し崩れる程度の湿り気がベストです。原料や堆肥化法によって異なりますが、通常完熟するまでには一〜三ヶ月、場合によってはそれ以上かかります。

水分調節材には、オガクズ、剪定枝チップ、もみ殻、米ぬかなど、乾燥した繊維質の有機物を一般に用います。

よく「堆肥の発酵」という表現を見かけますが、これは科学的には誤りです。「発酵」とは、有機物が無酸素条件下（嫌気的、還元的ともいう）で微生物により分解を受ける反応で、その結果、有機酸類やアルコールが生成します。堆肥化では切り返しが不十分だと発酵が進

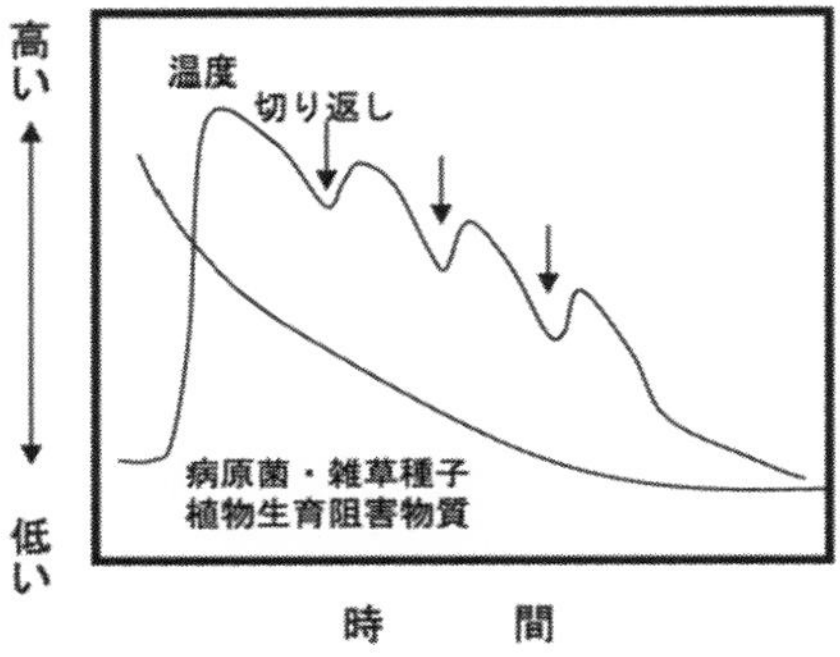

図6-1　堆肥化過程の模式図
切り返しを行うと、微生物による有機物の好気的分解が進み温度が上がる。

み、その結果、低級脂肪酸（揮発性の有機酸）やイオウ化合物が生成されて悪臭が発生します。たとえば、イソ吉草酸（足の裏の悪臭成分）や酪酸、硫化水素（腐卵臭）、メチルメルカプタン（腐ったタマネギ臭）などです。

　一方、好気的分解が進むと、これらの悪臭成分が好気的分解を受けて消失します。そのうえ微生物は有機物から大量のエネルギーを得ることができ（発酵の約二〇倍）、それにより盛んに増殖し、活発な代謝のために発熱して、堆肥は高温となり、すべて堆肥化促進に好ましい方法へ進みます。

　このような堆肥化を模式化すると図６－１のようになります。有機物を堆積すると、その中の易分解性有機物（微生物によって分解されやすい有機物。糖類、タンパク質、脂肪類など）が好気的に分解され、その際に発熱し、高温（五〇～七〇℃）となります。その後、酸素が消費され酸欠になると微生物活動が低下して、温度が下がります。そこで、切り返しを行い堆肥に酸素を供給すると微生物活動が再び盛んになり、温度が上昇します。このような堆肥には微生物（主に細菌）が一グラム当たり三〇〇億〜六〇〇〇億個もいて、その八〜九割が盛んに活動しています。

切り返しを繰り返していくと、だんだんと微生物の栄養源（易分解性有機物）が枯渇してくるため、温度が上がらなくなってきます。これが堆肥化の終点です。

このとき、易分解性有機物に含まれていた窒素、リン酸、カリウムなどの養分は、堆肥中の微生物菌体に取り込まれた状態になります。堆肥が土壌に施用されると、菌の一部が死滅・分解し、その内容物が放出され、これが植物に利用されます。このため、堆肥からの養分の放出は徐々に行われるのです。

●攪拌方法

堆肥に酸素を供給するための攪拌方式には様々なものがあります（図6－2）。最もシンプルな方法はパイル方式で、人力またはローダーなどの機械力を用いて堆肥を攪拌混合します。機械的に攪拌する方法には様々あり、もっともよく使われるのはスクープ方式で、ベルトコンベア状の装置で攪拌します。ロータリー方式はそのバリエーションで、狭い場所でも効率がよいのですが、原料と製品が混合しやすいという欠点があります。密閉方式は悪臭対策には最適ですが、処理容量を大きくしにくいという制約があります。

図6-2　堆肥の各種攪拌方法
左上：パイル方式　右上：スクープ方式
左下：ロータリー方式　右下：密閉方式

また、床から堆肥にエアーを放出する強制通気方式も、パイル方式やスクープ方式などと組み合わせて用いられます。これらは一長一短あるので、コストと処理量などを勘案して選択します。

●衛生管理

家畜ふんや汚泥、生ごみ等にはヒトや動植物の病原菌や寄生虫がほぼ必ず含まれています。また、雑草の種子も含まれていることが普通です。さらに、植物の発芽や生育を阻害する物質も必ず含まれています（フェノール化合物や低級脂肪酸など）。しかし堆肥化により高温の期間が数週間持続すると、これら有害な生物は熱により死滅し、また植物生育阻害物質は微生物により分解されます。このようにして、有害な因子がなくなり、衛生的で安全になったものが完熟堆肥といえます（図6－1）。

逆にいえば、未熟な堆肥を散布すると、ヒトや植物の病原菌を田畑に撒き散らすことになりかねません（八九ページ参照）。

したがって、堆肥の製造には、適切な衛生管理が必要です。堆肥の温度が上がらないときには、水分（含水率）が適切か確認することが重要です。廃食油や石灰窒素の添加は堆肥温度を上昇させるので、温度管理に利用できます。

●種菌

堆肥原料に「種菌」を加えると、初期の堆肥化が早く進行します。種菌として様々な製品（微生物資材）が市販されていますが、微生物資材には公的な基準や認証制度がないため、現状では玉石混淆で、使用者が効果を確かめながら使うしかありません。

最も効果的で安価な種菌は「戻し堆肥」です。完成した堆肥を原料の一～三割（重量比）加えます。後述する「NPO法人伊万里はちがめプラン」では、堆肥化中期（約五〇日後）に一センチメートルのメッシュで篩《ふるい》がけを行い、粗い部分を戻し堆肥として種菌にしています。これは大変合理的な方法で、堆肥化中期はまさに盛んに堆肥化が進んでいる状態であるため、堆肥化に適した微生物を種菌として使うことができます。
初めて堆肥化施設を開設する場合や、段ボールコンポスト（一一二ページ）などで市民の方が堆肥化を始める場合には、良質の堆肥を入手して種菌として使うのがベストです。

●悪臭問題と対策

生ごみなどの有機物に含まれる窒素分は、主にタンパク質の形で存在します。タンパク質は微生物の働きによりアンモニウムイオンNH_4^+と有機酸に分解します。有機酸は微生物によってたちどころに分解され養分となり、一方、アンモニウムイオンは蓄積されます。このとき、堆肥が中性ないし弱アルカリ性の場合、アンモニウムイオンは気体のアンモニアとなって揮発します。アンモニアは堆肥の主要な悪臭の原因物質で、高濃度では目がチカチカする刺激性があります。

中性〜弱酸性の場合、アンモニウムイオンの一部は微生物に取り込まれて、菌体の一部となり、残りは、切り返しが頻繁に行われていれば、アンモニア酸化菌によって亜硝酸イオンNO_2^-になります。これは猛毒ですが、すぐに亜硝酸酸化菌によって硝酸イオンNO_3^-へと変換されます（図2－16）。これは無臭でほとんど無害です。

この一連の反応を硝酸化成、略して硝化といい、これを担うアンモニア酸化菌と亜硝酸酸化菌を合わせて硝化菌と呼びます。

重要なことは、硝化菌の活動には酸素が必要なことです（図２－16）。したがって、切り返しが不十分で堆肥に酸素が十分に供給されないと、この硝化反応は進まず、アンモニウムイオンが堆肥に蓄積して悪臭が発生します。

したがって、堆肥化の初期から切り返しを十分に行い、堆肥に酸素を供給することが肝要です。また、水分が多いと酸素が堆肥の中に浸透しにくいので、硝化が遅れます。温度は六〇～七〇℃前後が適温で、これ以上高いと硝化菌が死んでしまい、悪臭が消えなくなります。また、施設（特に初期発酵槽）を閉鎖型にして常に排気して内部を陰圧とし、臭気が外部に漏れないしくみを取っている場合も多く見受けられます。内部からの排気はスクラバー（洗気装置）や土壌脱臭槽を通して脱臭します。こうした環境に配慮した施設は、地域住民にも歓迎されます。

いい堆肥、悪い堆肥とは？

堆肥はいうまでもなく土作りの基本となる農業資材で、有機・減農薬で生産された農産物は消費者に歓迎されます。しかし、堆肥なら何でもいいかといえば、もちろんそうではありません。

まずは堆肥の善し悪しについて。良い堆肥とは完熟堆肥のことです。完熟堆肥には植物病原菌を抑える善玉菌（拮抗菌）が高密度で含まれていて、堆肥とともに土壌に入って棲みつき、各種の植物病原菌を抑える働きをします。

また、堆肥中の微生物によって腐植物質が作られます。この物質はＣＥＣ（陽イオン交換容量、塩基交換容量ともいう）が高いので、植物の栄養分であるアンモニア態窒素やカリウム、カルシウム、マグネシウムなどの陽イオンを吸着保持する力が強いという性質があります。ＣＥＣの低い土では、降雨の際に雨水とともにこれらの養分が流されやすくなります。しかし堆肥とともに腐植物質が土壌に入ると土壌のＣＥＣが高くなり、肥料持ちの良い土を作ります。腐植物質の色は黒いので、これが多い堆肥や土壌は黒い色をしています。黒っぽい土は肥沃な感じがしますが、それには根拠があるのです。

一方、悪い堆肥とは未熟堆肥のことで、善玉菌や腐植物質は少なく、しかも植物の発育を阻害する物質が含まれています。そのため、このような堆肥を施用すると、発芽・発根障害や発育障害を起こします。また、易分解性有機物が残っているため、土壌に入ると微生物によって急速に分解され、そのとき微生物が酸素を吸収するため酸欠になって、還元障害による根の枯死を引き起こしやすくなります。そのうえ雑草の種も死滅していないので、田畑が雑草だらけになってしまいます。

さて、このような堆肥の善し悪しを見分けるにはどうしたらいいのでしょうか？　教科書的にはC／N比（炭素率）やCEC、二酸化炭素放出速度試験などがありますが、どれも分析装置や薬品が必要で、簡単には測定できません。

そこで、五感でわかる方法としては、手で触ってさらさらしていること（水分が三〇％以下なら変質しにくい）、アンモニア臭がしないこと、黒い色をしていること（腐植物質含量を反映）、白い粉のようなものがたくさんついていることです。この「白い粉」とは放線菌の胞子です（図6－3）。この菌は堆肥の善玉菌の代表格です。

表6－1は、第5章の最後で紹介した日本施設園芸協会が農林水産省の委託を受けてまとめた「生鮮野菜衛生管理ガイド（二〇〇三）」にある表です。この中で、衛生的な堆肥（つまり完熟堆肥）の外見的な目安が示されています。ここでも上記の項目が出ているほか、病原菌の検査やコマツナ発芽試験、製造施設の状況などが判定の目安とされています。特にコマツナ発芽試験は簡単で、誰でも堆肥の完熟度判定ができますので、一度やってみてください（ネット上に方法が出ています）。

図6-3　堆肥表面に発達する放線菌
左：堆肥の表面を少し剝ぐと白い粉状のものが見えることがある。これが放線菌。
右：手に取って真近で見るとよくわかる。これがあれば良質の堆肥といえる。

表6-1　堆肥の安全性確認の目安

項目	判定の目安
1．水分	30% 以下が好ましい（手で握って、さらさらしている程度） （水分が高いと病原菌の再増殖の可能性がある）
2．病原微生物に関する表示	検査表示があることが好ましい（現状では表示義務なし） （大腸菌、サルモネラ属菌、腸管出血性大腸菌など）
3．完熟度	コマツナ発芽試験などで発芽抑制がないか
4．アンモニア臭	アンモニア臭が少ないこと（完熟度を反映）
5．製造施設	
（1）区画の設定・管理	原料区画と製品区画を明確に隔離しているか
（2）器具の管理	ローダー、スコップ等を原料用と製品用で区別しているか
（3）醗酵温度	60℃以上の温度を3週間以上保持しているか
（4）その他	場内は整理整頓されているか

日本施設園芸協会「生鮮野菜衛生管理ガイド—生産から消費まで—」(2003) より

表6-2　各種堆肥の特徴

堆肥の種類	試料数	含有濃度（%）平均値（最高値 - 最低値）			摘要
		N	P	K	
牛ふん堆肥	314	1.9 (0.2-5.0)	2.3 (0.2-21.4)	2.4 (0.1-7.8)	土作りによい
豚ぷん堆肥	130	3.0 (0.6-5.3)	5.8 (0.6-12.2)	2.6 (0.2-5.2)	肥料効果が高い
鶏ふん堆肥	121	3.2 (0.5-8.5)	6.5 (0.4-11.5)	3.5 (0.2-6.2)	肥料効果が高い
生ごみ堆肥	30	2.7 (0.7-7.1)	1.9 (0.1-5.2)	1.5 (0.1-2.9)	土作りによい

Nは全窒素、PはP_2O_5、KはK_2Oの濃度を表示。日本土壌協会の資料に加筆

いろいろな堆肥を使い分ける

家畜ふんや生ごみなど原料の違いで堆肥の成分、特に窒素（N）、リン酸（P）、カリウム（K）の含量に大きな違いが出てきます（表6－2）。牛ふん堆肥にはKが多いですがNとPはやや少ないです。牛舎の敷料として用いているイナワラやもみ殻が混入していますから繊維質が多く、土作り（保水性、通気性、保肥力の向上）に適しています。

一方、豚ぷん堆肥と鶏ふん堆肥にはN、P、Kが多く、肥料効果が高いです。ただしイナワラや木材チップなどを添加していない場合は繊維質が少ないため土作り効果はあまり期待できません。

生ごみ堆肥ではNが多く、PとKはほどほどで

す。原料の野菜や水分調整のために添加される木質チップなどに由来する繊維質が多いので、土作り効果も高いという特徴があります。

ただしこのような肥料成分の違いはあくまでも平均値であり、表中の最低値と最高値をよく見ると、大きなバラツキがあります。これは、製造施設や製造条件の違いにより肥料成分に大きな違いが出ることを意味しています。ですから右の説明はあくまでも目安として考え、実際にご自分が使う際には、堆肥の成分表示を確かめてください。

化学肥料の肥料成分は即効性ですが、堆肥では原料や成分によって速効性と緩効性は様々です。堆肥中のNの一部はアンモニア態や硝酸態の無機態窒素として存在しており、これらは水によく溶けて植物に吸収されやすいため即効性です。

一方、堆肥中のNのかなりの部分が有機態窒素です。これはじつは堆肥中の微生物菌体が含有する窒素成分です。良質の堆肥中には一グラム当たりなんと数百億個の微生物（主に細菌）が生息しています。口絵⑪では、牛ふん堆肥中の生きている菌を黄緑色に、死菌を赤色に染め分けています。土壌に施用された堆肥中の微生物は増殖と死滅を繰り返し、生きた菌が死ぬと、細胞内のタンパク質などの窒素を含む有機物が細胞外に漏れ出て、土壌微生物の作用で分解され、アンモニア態窒素が生じます。このような仕組みで、堆肥中の有機態Nが徐々に無機化され、植物が利用できるようになるのです。

さて、Pは一部有機態で多くは無機態です。またKは大部分が無機態です。そのためPとKは大部分が即効性です。ただし化学肥料の即効性とは少し違います。堆肥中のKやアンモニア態窒素は、堆肥に含まれる腐植物質の陽イオン交換作用により吸着保持されているため、一度に全部溶け出てくることはなく、土壌中の水溶性のKやNが少なくなると、少しずつ溶け出てきます。いわば専任の出納係がいる銀行口座のようなもので、手持ちの現金（水溶性のKやN）が少なくなると必要な分だけ引き出してくれるのです。化学肥料では一度に全部引き下ろして無駄遣いしがちです。

このように優れた調節作用を持つ堆肥ですが、過剰な連用はリン酸や窒素成分の過多を招き、作物を徒長させて病害に弱くしたり、地下水に成分が浸透して環境汚染の原因になったりもします。堆肥の適正施用量は各県で作物の品目ごとの推奨値が設定されていて、インターネットで検索できます。

堆肥の善玉菌――放線菌とバチルス

堆肥は原料の違いによって、N、P、Kという栄養素のバランスが異なりますが、原料が違っても、良質の堆肥には共通して含まれる微生物がいます。それが放線菌で、堆肥に含まれる代表的な善玉菌です。放線菌の形態は糸状菌（カビ）に似ていますがまったく違い、れっきとした細菌（バクテリア）の仲間です。これらが多い堆肥では、「白い粉が吹いたようなもの」として肉眼でもわかります（図6－3）。そのような堆肥の臭いをかぐと森の腐葉土のような香りがしますが、これは放線菌が作る物質です。

放線菌は堆肥化の中盤から後半に出てきます。セルロースやリグニンなど繊維素分を分解する能力を持ち、リグニンの分解産物などから腐植物質を作ります。腐植物質はＣＥＣが高く、肥料持ちのよい土をもたらします。黒い色をしているので、腐植物質が多い堆肥は黒々としています。

放線菌のもう一つの働きは抗生物質を作ることで、堆肥を介して土壌に入った放線菌は、植物病原菌を抑えます。このような働きを持つ微生物を拮抗菌といいます。同じ作物を長年連作しても病気が出にくい土壌があり、「発病抑止型土壌」と呼ばれますが、そのような土壌には放線菌がたくさん棲みついている場合も多いのです。

堆肥中のもう一つの善玉菌はバチルスです。これは芽胞を作る細菌で、納豆菌もこの仲間です。バチルスも抗生物質を作る重要な拮抗菌で、植物病原菌の発育を抑える様子は、寒天培地を用いて発育阻止円（図3－2）の有無を調べることで簡単にわかります。このような方法で、堆肥から有用な拮抗菌を見つけて選抜し、微生物資材として応用することもあります。

それでは、放線菌やバチルスのような善玉菌をたくさん含む堆肥を作るにはどうしたらいいのでしょうか？　長年の研究を経て、ようやく最近、草原や河川敷に生えるススキやヨシがよさそうだということがわかってきました。熊本県の阿蘇地方では、草原のススキやヨシなどの野草を刈り取って大きなロールにして、一年くらい野外に放置して熟成させたものを野草堆肥と呼び（図６－４）、これを土壌にすき込んだりマルチにしたり、あるいは牛ふんと混ぜて堆肥化したりということが長年行われています。こうすると植物病害が抑えられるということを地域の農家の方々は経験的に知っていました。そこでそういう野草ロールや野草入りの堆肥を調べてみると、なんと放線菌やバチルスに属する拮抗菌がざくざく出てきました。農家さんの経験を科学的に裏付ける研究が現在進行中です。

図 6-4　阿蘇地方の野草堆肥
拮抗菌が高密度に存在する。

病害抑制効果

堆肥や各種有機物がどんな病害を抑えるのか、これについては、全国四〇ヶ所の試験研究機関で行われた約一二〇編の試験報告をまとめた論文があります（表6－3）。これを見ると、いろいろな病害が各種有機物の施用で軽減されることがわかります。しかし、同じ有機物が同じ病害に対して相反する効果を示している場合もあります（たとえば発酵鶏ふんのトマト萎凋《いちょう》病への効果など）。これはたぶん、有機物の発酵の程度や施用量、地域性（土壌）の違いなどによるものでしょう。

比較的安定した結果が出ているのは、きゅうりつる割病に対する発酵豚ぷんの効果で、大量施用（一〇a当たり三トン以上）するほど軽減効果が高いことがわかっています。

一般に、きゅうり、トマト、ナスなどでは施用量が多いほど軽減効果が高くなり、逆に根菜類や塊茎類（ダイコン、ジャガイモなど）では多いほど発病が助長されています。これは、有機物が拮抗菌に対してばかりではなく、病原菌の栄養源にもなる場合があるせいでしょう。

これらの有機物や堆肥には放線菌、バチルス、蛍光性シュードモナス、アグロバクテリウムなどの善玉菌が含まれていることがわかっています。たとえば、放線菌によるダイコン萎

表6-3　有機物施用と土壌病害発生との関係

有機物の種類	軽減された病害の例	助長された病害の例
発酵鶏ふん	キュウリつる割れ病 トマト萎凋病 キャベツ萎黄病	トマト萎凋病 ダイコン萎黄病
発酵豚ぷん	キュウリつる割病 キュウリ立枯性疫病 トマト萎凋病	ダイコン萎黄病 ジャガイモそうか病 キャベツ萎黄病
発酵牛ふん	コカブ根こぶ病	ダイコン萎黄病
バーク堆肥	キュウリつる割病 トマト萎凋病 ジャガイモそうか病	ナス半身萎凋病 ダイコン萎黄病 ダイコン褐色腐敗病
堆肥（牛ふんなど）	キュウリつる割病 トマト萎凋病 コンニャク根腐病	コンニャク根腐病
キチン、カニ殻、エビ殻	キュウリつる割病 トマト萎凋病 ダイコン萎黄病	ジャガイモそうか病

松田（1981）の表を簡略化し加筆

黄病の軽減、蛍光性シュードモナスによるフザリウム病の病害軽減などです。

カニ殻やエビ殻にはキチンが多く含まれ、これらの施用は各種の病害を軽減します（表6－3）。これは、放線菌の多くがキチン分解能を持ち、それで増殖した放線菌が拮抗菌として働くためです。これには、抗生物質生産に加えて、キチンを細胞壁成分に持つ病原菌を溶かして殺す効果もあります。ただし、ジャガイモそうか病菌も放線菌なので、ジャガイモ畑へのキチン類の施用は禁物です。

一方、本来は病原菌であるトリコデルマやフザリウムでも病原性のない株は、それらの拮抗菌として働くことがあり、微生物農薬として何種類も登録されています（六三ページ）。ちなみに、コーヒー粕堆肥にはフザリウムによるトマト根腐萎凋病の抑制効果が認められていますが、それは、非病原性のフザリウムを増やすためと考えられています。

また有機物の投与は土壌微生物全般に栄養分を供給し活性化する作用もあります。活性化された土壌微生物が間接的にトマト青枯病を抑える現象が、鶏ふん堆肥などの施用で見出されています。

段ボールコンポスト――家庭で作る生ごみ堆肥

今、最も市民に注目されている生ごみの資源化法は段ボールコンポストでしょう。これは、段ボール箱を堆肥の製造容器に用いる方法で、安価で手軽、適切に取り組めば温度も五〇℃以上に上がり良質の堆肥ができるため、愛好者も多いです。多くの自治体がホームページで推奨し、段ボール箱や基材（あらかじめ箱に入れておく資材で、ピートモス〈後述〉など）のセットを無償ないし安価で市民に提供しています。たとえば福岡県宗像市では、講習会を市民団体（ゴミ問題を考える住民の連合会・宗像）と共同して毎年数十回開催し、受講者にはセットを無償（リピーターには有償）で配布し、二〇一四年までの六年間で約六八〇〇セット、処理した生ごみ総計約三四〇トンという実績を出しています。

●佐賀大学での取り組み

佐賀大学でも、段ボールコンポストに取り組みました。環境マインドを持つ学生を早期に育成することを目的として、全学部の一、二年生を対象に「環境キャリア教育」というプログラムを開講して、二年生を終える頃には受講生の八割がエコ検定に、六割が３Ｒ検定に合格しました。このプログラムの中の一つのコースとして、生ごみ堆肥を作り、できた堆肥でプランタの花を育て、卒業式や入学式の時期にキャンパスを花いっぱいにしようという体験型のプログラムがあり、筆者らが二〇一二年から七年間指導しました。

図6-5　生ごみ堆肥の製造風景
この年度では、プラスチック製の箱も容器に用いた。丈夫なので、堆肥化作業がしやすい。

生ごみ堆肥化コースの受講生は毎年十数名で、それに農学部の有志学生が加わり計二十数名。二人ひと組で班を作り、生ごみ堆肥作りに取り組みました。学生食堂から残飯をもらってきて、堆肥化容器に生ごみを毎日約一キロ投入し、二～三ヶ月間続けます（図6－5）。堆肥化の基材にはピートモス（ミズゴケなどが堆積してできた泥炭を乾燥させたもの）・もみ殻薫炭（もみ殻を炭化させた土壌改良資材）の他に腐葉土を使う方法など様々なバリエーションについて検討し、容器も段ボール箱の他に、プラスチックの箱（衣装ケース）やクーラーボックス（蓋の壊れたものの廃物利用）を使用して比較するなど、毎年テーマを変えながら取り組みました。

●腐葉土を用いる段ボール堆肥

この教育プログラムには、佐賀県武雄市在住の段ボールコンポストのベテラン、下田代満さんを講師役としてお呼びして、学生の指導に効果を上げました。下田代さんが工夫して作り上げた方法（下田代方式）を以下に紹介しながら、段ボールコンポスト製造の要点を説明します。

①段ボール箱は強度を増すために二重にして使います。それには同じサイズの箱を二個用意し、その一個の底の四隅を板きれで叩いて少しへこませ、この箱をもう一つの箱の内部に入れると、スムーズに入り二重にできます。
②蓋を立ち上げ、四角をガムテープで固定します（図6－6）。こうすると堆肥の容積が大きくなり、熱損失が少なくなるので堆肥温度が上がりやすくなります。
③この箱に基材として腐葉土を容積の約半分入れます。腐葉土はよく熟成したものを集めて、天日乾燥してから使います。都市部でも、街路樹や公園、寺社の境内で採取できます（所有者に許可を得てください）。落ち葉や未熟な腐葉土は水をはじいて堆肥化を遅らせるので避けます。
④投入する生ごみは、あらかじめステンレス製のザルなどに取って水切りしておきます。水分過多は禁物。トウモロコシの芯やパイナップルの皮などサイズの大きい生ごみは、包丁やナタで小さくカットしておきます。
⑤約一キロの生ごみをバケツに取り、これに約一〇〇グラムの米ぬかを加えてよく

混ぜます。

⑥米ぬかは生ごみの水分を吸収し、窒素やリン酸などの肥料成分も含むため、堆肥化を促進します。ただし、あらかじめ天日乾燥してから密閉容器に保管しておかないと、カビが生えたりコクゾウムシなどが発生したりするので注意。入手しにくい場合には、代わりに乾燥させた腐葉土を容積比で一～二割生ごみに混ぜます。

図6-6　段ボールコンポストの内部の様子
蓋を立ち上げている分、容積が大きくなり、保温効果が増す。

⑦容器内の腐葉土の中央にスコップ（根掘り）で穴を掘り、そこに生ごみを入れ、腐葉土で蓋をします（図6－6）。均一に混ぜない理由は、生ごみの水分が段ボール箱に染み込んで箱が劣化しやすくなるのを防ぐためです（ただし、プラスチック容器を使う場合は均一に混ぜて問題ありません）。

⑧布で箱に蓋をし、ヒモで縛ります。一〇〇円ショップのファスナー付き布団袋を使うと通気性を保ったまま完全密閉できるので、ハエが入らずウジが湧きません。

⑨翌日、内容物をよくかき混ぜて（切り返し）、酸素が十分に浸透するようにしま

す。このとき貝掘り用の熊手を使うと少ない力で効果的に攪拌できるため（図6－7）、手が疲れにくいです。

⑩前記④～⑨の要領で毎日生ごみを投入します。水分調節が最も重要で、五五～六〇%に保つように心がけることが肝要です。こうすると、五〇℃以上を毎日維持できるようになります。温度が高くなると水の蒸発も盛んになるため、やがて含水率が低下して微生物活動が低下し、温度が下がります。そこで、攪拌時にジョウロを用いて加水します。

図6-7　攪拌には熊手が便利
プラスチック容器は耐久性がよく使いやすい。

⑪図6－8は学生たちによる生ごみ堆肥化の温度データの一例で、初期の一週間でコツを会得してからは、五〇～六〇℃台をほぼ維持しています。ときどき温度が大きく低下しているのは、週末で休みのためです。四四日後に生ごみの投入を停止していますが、その後約二〇日間高温を維持しています。これらのことから、攪拌・加水の管理がいかに重要であるかがわかります。

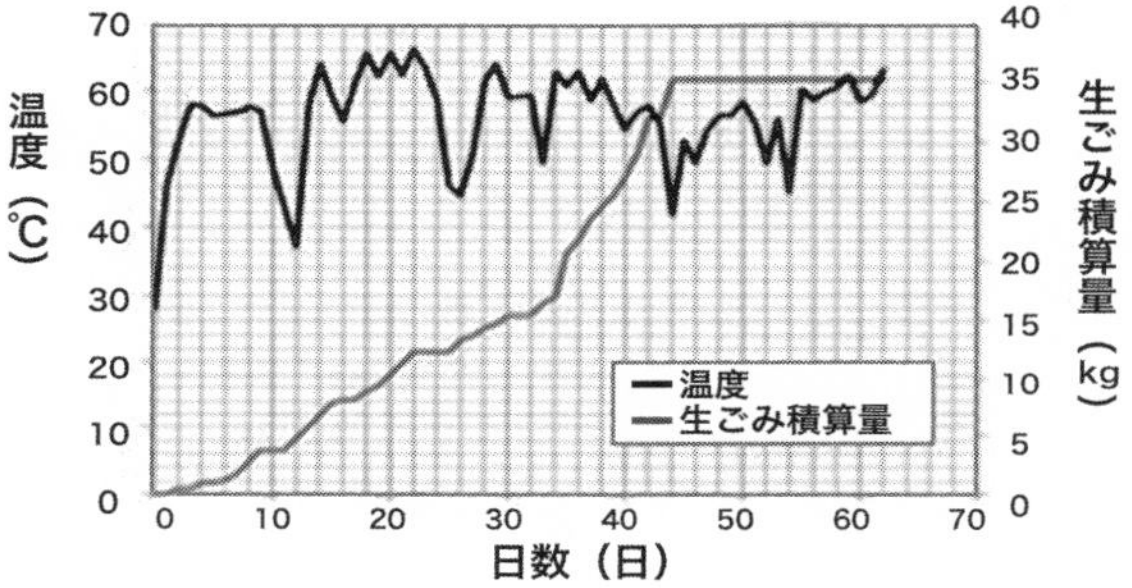

図6-8　ボールコンポストの温度と投入生ごみの積算量

⑫温度の測定には、センサー部が三〇センチ程度の長さのデジタル温度計が便利で、ネット通販などで、数千円で入手できます。

⑬初心者が陥りやすい失敗の主な原因は水分過多と攪拌不足で、その結果、温度が上がらず、悪臭とウジ虫が発生し、触りたくなくなって、いっそう攪拌不足になるという悪循環に陥ります。

⑭ウジが発生したらサナギになるまで約一週間我慢して、その間、温度が上がるように作業を改善します。サナギになれば動かなくなるので、堆肥の内部に入れれば熱ですぐに死滅します。

⑮このような堆肥化を三～六ヶ月間続けたあと、熟成過程に移します。生ごみの投入をやめると間もなく温度が低下してしまうため、温度

を維持させるために可能なら堆肥を数箱分合併します。以後は生ごみを加えずに水分調整と攪拌だけを行います。合併するだけで温度が六〇℃台に上がるので、数日間放置し、五〇℃以下になったら攪拌や水分調整を行います（おおむね週一、二回の頻度）。
⑯温度が気温プラス一〇℃以下になったら完熟したと判断し、篩がけします。一センチ程度のメッシュの篩にかけて、細かい部分を堆肥として使用します。粗い部分は次の堆肥化のための基材として用います。これには堆肥化のための微生物がたくさん含まれているので、種菌としての価値も高いです。つまり、腐葉土やピートモスなどを基材に使うのは最初だけで、以後は粗い画分を基材に使います。こうすると、分解しにくいトウモロコシの芯などもやがてすっかり分解します。
⑰篩がけした堆肥の熟成度をコマツナ発芽試験で確認します。

●段ボール堆肥のバリエーション

学生たちが基材や容器の様々な組み合わせを試験して比較した結果をまとめると、次のようになります。

①段ボールコンポストなど、小型の容器を用いた生ごみの堆肥化は、適切に行えば衛生的で良質の堆肥ができるので、個人ができる生ごみ資源化として優れています。

②段ボール箱はだんだんボロボロになります。そうしたら、内側の箱を小さくちぎって堆肥に混ぜるとよいです。新しい箱を一個用意して、古い外側の箱を内側の箱として用います。

③段ボール箱よりはプラスチック製の箱の方が丈夫で攪拌しやすく、使いやすいです（図6－7）。廃物利用のクーラーボックスが保温性抜群で最適。水分が蒸発しにくいけれど、ていねいに攪拌して温度を上げれば、ほとんど加水せずに水分を適切な範囲に維持できるため、むしろ加水の手間がありません。ただし容器底部に水分が溜まりやすいため、攪拌不足だと嫌気化して悪臭が発生しやすいので注意。

④多くの自治体が推奨しているピートモスと、もみ殻薫炭を用いる方法は、初心者には扱いやすく適しているものの、エコでありません。ピートモスは外国からの輸入品で、もみ殻薫炭の製造にはエネルギーを使っています。購入価格も一箱分で数百円かかります。環境にも財布にもやさしいとはいえません。

⑤竹パウダーは、竹の粉砕機が必要ですが、入手できれば基材としてとても優れています。堆肥化の最初の数日間にアルコール発酵が起こり良い香りがして、同時にいろいろな虫が

集まってきて驚きますが、四、五日経つとアルコールも香気成分も分解するので、虫もいなくなります。

以上の成果は学生たちによって取りまとめられ、廃棄物資源循環学会九州支部会の研究発表会で二〇一三年と二〇一四年、二〇一六年の三回発表され、いずれも優秀ポスター賞を受賞しました。発表者は当時三年生になった受講生たちで、大学院生やプロの研究者が居並ぶ中での受賞という快挙です。それだけ学会としても生ごみの資源化に注目しているともいえましょう。

●学生たちの反応

初めはウジを見ては大騒ぎしていた学生たちですが、数週間もすると手慣れた手つきで堆肥を攪拌するようになりました。三ヶ月間、土日を除く毎日、昼休みや放課後に来ては、二人一組で和気あいあいと作業していました。友人を連れてきて自慢げに見せている光景も見受けられました。よく攪拌するために、堆肥を素手で揉むようにていねいに攪拌する方法を編み出した猛者も出てきました。軍手やビニール手袋を使えば抵抗はなく、皆が真似しだしました。内容物を大きなタライなどに出すことで、徹底して攪拌する方法を考え出したアイデアマンもいました。

「いい体験になった」「楽しかった」という感想が多いなか、「社会人になって仕事を持ったときに、毎日できるかというと難しい」「専業主婦がいればできるかもしれないが、共働きでは大変そう」「定年退職したらできる」「土日だけの作業でできないものか」という意見も。三ヶ月間限定の堆肥化作業には熱心に取り組んだ学生たちですが、作業負担を考えると日常的に行うのは大変というのが実感のようです。

このような学生の感想は、市民にも当てはまるでしょう。毎日の作業負担をどう軽くできるか、それが生ごみ堆肥化の拡大と継続の大きなハードルです。

みんなで作る生ごみ堆肥

段ボールコンポストより少ない労力で生ごみを堆肥化できる方法があります。それは大型の生ごみ堆肥化容器で、数軒の家庭が共同で利用し、堆肥化を行います。容器が大きい分、堆肥の熱が逃げにくくて高温を維持しやすく、切り返しの頻度も週一〜二回程度でよいため手間が少なくてすむという利点があります。取り組みやすさのおかげで人気が高まっています。

たとえば筆者の住む佐賀県小城市では、市民団体（小城の環境を考える会）が容積一〇〇〇～一五〇〇リットルの木製箱形の堆肥ボックスを普及させています。材料には製材時の廃材を用い、個人やグループ、旅館などに販売しています。普及のために自治体の支援のもと、地域の公民館で集会（環境フォーラム）を開き、生ごみの堆肥化による、ごみ減量化をアピールしています。

小城市長も個人的にこの堆肥ボックスを購入し、ご自宅の生ごみ堆肥化に取り組んでおられます（生ごみを台所からいそいそと運ぶ夫の姿に市長夫人も大満足とか）。幼稚園や保育園でも導入して、園児たちが残飯の堆肥化に取り組んでいます（図6－9）。

図6-9　堆肥ボックスに生ごみを投入する園児たち

また小城市内の旅館（龍水園）などでは、堆肥ボックスを用いて調理くずや残飯の堆肥化に取り組んでいます。毎日一〇～三〇キロ出る生ごみに米ぬかを一割程度混ぜ、四～五個の堆肥ボックスに順次投入しています。このとき、ザルで生ごみの水切りをしておくことが大切。逆に加水が必要なときは、生ごみから出る汚水を加えます。天ぷらの廃油も投入でき、入れると堆肥の温度が上がるブースター効果があります。二〜三ヶ月間経過したら熟成過程に移し、生ごみを入れないでときどき加水と攪拌のみ行い、数週間置きます。できあがった生ごみ堆肥はダイコンや高菜などの野菜や花の栽培に利用し、収穫したものは旅館の料理や切り花にも出して好評を得ているようです。

●コンポスター

大型のバケツを逆さにしたようなプラスチック容器を「コンポスター（コンポスト製造容器）」と呼び、多くの自治体で補助金を出して市民に推奨しています（図6－10）。家庭菜園や庭の隅などに設置して用います。容器の底は空いていて、内部の水分が土壌に自然浸透する構造になっています。あらかじめ腐葉土や乾燥した雑草を入れておき、生ごみを投入してよく攪拌します。米ぬかを一割程度生ごみに混ぜると水分調整になり、窒素などの肥料成分の補給にもなるので、堆肥化が促進されます。上部にはプラスチック製の蓋が付いていますが、蓋で密閉すると内部に結

図6-10　コンポスター

露水が溜まり水分過多になりやすいので、蓋の代わりに布をかぶせると良好です。コンポスターは安価のため、個人で取り組みやすい利点があります。

しかしこれで生ごみ堆肥化が成功している人はきわめて少ないのが実情です。その理由はコンポスターの構造にあります。上部は小さく下部が大きい末広がりの構造になっているため、切り返しをしにくいのです。そのため天地返し（下部の堆肥を上部と入れ替えること）は至難の業で、その結果、堆肥の下部が嫌気的になりやすく悪臭が発生し、温度も上がらないためウジが湧き、放置される運命をたどります。筆者も自宅の家庭菜園で何度もチャレンジしましたが、そのたびに敗退しました。

結局、コンポスターの構造的欠点を改善して使いやすくしたものが、前記の堆肥ボックスといえます。

●電気式生ごみ処理機

容積三〇～一〇〇リットルの直方体の箱で、多くはヒーターと攪拌羽根が内蔵されています。毎日生ごみを数百グラム投入します。バイオ式（分解式）と呼ばれる機種では、オガクズや木材チップなどを基材として入れ、さらに微生物的分解を促進するために種菌となる微生物資材を入れます。一方、乾燥式では、生ごみを温風乾燥することで減量化を図ります。

電気代が月数十円ですむという省エネ型も市販されています。自治体では価格の半額ないし一万円程度を上限に購入費用を助成しているところもあります。

バイオ式では、適切に処理すれば水分の蒸発と有機物の微生物的分解により大幅な減量化が見込めます。一キロの生ごみ（社員食堂の定食）を、休日を除く毎日約二年間にわたって投入した実験では、乾燥重量ベースで約九〇％の減量化が達成できたという報告があります。水分も含めると約九八％の減量率となり、これなら「消滅型」と呼んでも差し支えないほどです。なお、処理残渣は塩分をやや多く含みますが（最大一％程度）、露地栽培なら堆肥として問題なく利用できます。

一方、乾燥式では「乾燥生ごみ」ができるわけで、ごみ袋に入れても臭くならないというメリットはあるものの、土に埋めたら「乾燥ごみが生ごみに戻る」だけであり、すぐには肥料としては使えません。これでは、生ごみを直接土に埋めるのと変わらず、電気を使う分、デメリットとなります（ただし温度が五〇℃以上になる機種の場合、食中毒菌などの有害菌を殺菌できるという衛生上のメリットはあります）。

なお、消滅型と自称する機種も市販されており、「一日で完全分解」などと宣伝する機種もありますが、生ごみがミンチ化されて原形を留めなくなるだけであり、このような短期間で完全分解することを示すデータは見あたりません。

図6-11
左：東京農大の「みどりくん」製造装置
右：後藤先生と「みどりくん」

結局、高価な機器が必要なこと、電気を使うこと、堆肥としてすぐに使用できる機種は限られていることなどから、小型の電気式生ごみ処理機はエコでなく、けっして推奨できる方法ではありません。

一方、乾燥型の生ごみ処理を大規模に行って成功している事例があります。これは東京農業大学（後藤逸男名誉教授）と地域住民とのコラボによるもので、地域の学校や学生食堂などから毎日約五〇〇キロの生ごみを集め、ボイラーの余熱を利用して短時間で乾燥処理したのち油分を絞って除外し、ペレット化した有機質肥料「みどりくん」です（図６－11）。加熱処理しているので衛生的で、既存の化学肥料や有機質肥料の代替肥料として十分に使用できます。本体は乾燥生ごみ肥料であるため、従来の有機質肥料と同様、施肥したのち一週間程度時間を置いてから作付けする必要があります。しかし溝肥（畝の間に施肥する方法）で用いるなら、すぐに作付けして問題ありません。肥料成分が窒素：リン酸：カリウム＝四：一：一で窒素主体の肥料であるため、特にリン酸やカリウムが蓄積した「メタボ土壌」に最適です。地元の農家が使用して地産地消を図り、地域活性化に貢献しています。

●手動式生ごみ処理機

攪拌羽根を回すためのハンドルが付いているプラスチック製の処理機で、電気式と異なりエコという点で優れています。市民団体や企業が様々なデザインの製品を出しています。補助金を出して推奨している自治体もあります。バイオ型が主流で、毎日出る生ごみをすぐに処理できる手軽さが身上です。ただし、攪拌羽根が届かないデッドスペースがある製品では、その部分だけ生ごみが固まって嫌気的になりやすいので、ときどきその部分を移植ごてなどで攪拌してやる必要があります。

温度はあまり高くならないため堆肥化が進まない機種が多いので、内容物を有機質肥料として用いる際には、施用してから栽培開始まで数週間待つ必要があります。

●土壌分解処理

庭のある家なら、生ごみを庭の土に埋めるのが簡単で、家庭菜園の土作りにもなります。

じつは筆者の家でも実践しています。小さなポリバケツに生ごみを溜めておき、ときどき、米ぬかをひとつまみ振りかけます。米ぬかは多孔質なため悪臭物質を吸着し、水分も吸収してくれるので、夏でも悪臭が出にくくなります。バケツがいっぱいになったら（週一回程度）、庭に埋めます。もちろん、毎日小まめに埋めるのがベストです。埋めたあと、スコップで土の上から生ごみを切るようにして何度も土の中に差し入れると、生ごみが土とよく混ざり、さらにその上に土をかけておくと小動物に荒らされにくくなります。ただし住宅地では小動物のエサ場になると近隣に迷惑をかけることになるので、魚のアラなどの動物質の生ごみは燃えるごみに入れて処分したほうがよい場合もあります。

毎回埋める場所を変えます。夏場なら一～二ヶ月間、冬なら三～四ヶ月間で生ごみがすっかり分解し、家庭菜園に使用できるようになります。ただし、生ごみに含まれる植物の種子や野菜の根から発芽することがあるので、蒔いてもいない野菜がときどき生えてくることがあります。ジャガイモ、カボチャが定番で、なんとメロンが生えてきたことも。これはこれで楽しいかもしれません。

一方、マンションやアパートでは、ベランダに大型のプランタや素焼きの鉢を数個設置し、土を入れて生ごみを埋める方法があります。要領は土壌処理と同様で、花や野菜のための良い土ができます。

●都会人には生ごみカラット

都会暮らしで庭がなく、臭いの出る堆肥作りはベランダに置くにも隣家に気が引ける、という場合はどうしたものでしょうか。そこで、生ごみリサイクル全国ネットワークでは、「生ごみカラット」を推奨しています。「生ごみカラット」は二〇リットル程度の大きさのカゴで、この内側に新聞紙を敷き、そこに一日分の生ごみを広げて乾かします。あるいは生ごみを新聞紙で包んで「生ごみカラット」の中に入れます。これをネットで包んで軒先などにつるしますが、乾燥中は夏場でも意外と臭いません。乾燥した生ごみは燃えるごみとして自治体のごみ回収に出します（試験的に分別収集して資源化している自治体もあります）。

生ごみの含水率は六〇～九五％なので、自然乾燥するだけでも大きな減量化ができます。この方法は資源化という点では赤点ですが、都市住民の実行可能なごみ減量化という点では有効な方法です。

地域の生ごみ堆肥化施設――先駆者はちがめプラン

さてこのように、家庭での生ごみ堆肥化には様々な方法があります。しかし、前述の宗像市のように大きく発展・継続しているところは限られています。その理由は、個人で取り組むには手間と場所をとるという点に尽きます。段ボールコンポストの取り組みは、「上手に作れば生ごみ堆肥は優れた有機質肥料になり、生ごみが資源になる」ことを市民が学ぶための教材として大きな意義があります。しかし佐賀大の学生たちが感じたように、「個人では限界がある」ことも多くの市民が痛感しています。

結論として、生ごみの堆肥化は、自治体が本格的に取り組むべきものです。そのためのノウハウは、以下に解説するＮＰＯ伊万里はちがめプランによって示されています。また山形県長井市のレインボープラン（正式名「台所と農業をつなぐながい計画」）は先進事例として有名です。生ごみの分別収集法には、伊万里はちがめプランや福岡県大木町が採用している「ごみバケツ丸ごと回収方式」がベストです。

自治体が生ごみ堆肥化に取り組むには、なにより市民とのコラボ（協働）が欠かせません。それには、自治体と市民（団体）が段ボールコンポストなどの取り組みの中で醸成した信頼関係が大きな力となるでしょう。

●はちがめプラン

この活動は伊万里市の飲食店主や市民が中心になって進めている食資源循環運動で、行政

図6-12　生ごみ堆肥化のベンチスケールテストを見守る市民の皆さん

主導型でないことに特徴があります。生産した生ごみ堆肥を「はちがめ堆肥」としてブランド化し、これを市民や農家に販売し、その農産物を直売所で販売するほか、はちがめ堆肥を休耕田に施用して菜の花栽培を行い、菜種油を生産・販売、さらに飲食店や家庭から廃食用油を集め、バイオディーゼル燃料（bio-diesel fuel、ＢＤＦ）を生産しています。また、資源循環に関する環境教育にも力を入れ、佐賀大学の支援のもと、市民向けの講演会や小中学校への出前授業、堆肥化の体験授業など、様々なアイデアを駆使して地域資源循環型社会の形成に取り組んでいます。

はちがめプランのルーツは、伊万里市の飲食店や旅館経営者が中心となり一九九二年に発足した「生ごみ資源化研究会」で、日々排出される大量の生ごみを、「可燃ごみ」の一部として大切な税金で焼却するのは「もったいない」との思いから、資源化の方法が検討されました。その後、市民と伊万里商工会議所の協力を得て「生ごみ堆肥化実行委員会」が一九九七年に結成され、団体の愛称を「伊万里はちがめプラン」と名付け、まずはベンチスケール

（小規模）の生ごみ堆肥化試験を試行錯誤で始めました（図6－12）。その中心となったのは、後にNPO化したときに理事長となる福田俊明さんで、生ごみの質（種類）と加水量、堆肥温度などを克明に毎日記録し、「水分を五五～六〇％に保てば堆肥温度が五五～六五℃になり、安定して堆肥化が進行する」ことを自力で発見されたのは大学の研究者顔負けで驚きです。福田さん自身はステーキレストランのオーナーシェフで、堆肥の知識がまったくゼロの状態からスタートしましたが、目に見えない微生物を「まるでそこにいるかのように思って、かわいがるようにして堆肥化試験を模索しました」とのことで、実験ノートには、大学の研究者も舌を巻くような詳細なデータが記録されています。

図6-13　はちがめプランの堆肥化施設
1日2トンの生ごみを堆肥化できる。高温の堆肥から湯気が出ている。

●生ごみを宝に！

この地道な堆肥化試験を通して、生ごみの堆肥化技術に自信を持った福田さんたちは、二〇〇〇年、一日二トンの生ごみを堆肥化できる本格的な施設を完成させ（図6－13）、家庭や飲食店、のちにスーパーなどからも生ごみを独自のルートで収集して堆

図6-14　生ごみステーションの一例
左：生ごみ用ポリバケツと廃食用油用のポリタンク
右：市民の皆さんと回収用軽トラック

肥化事業に乗り出し、二〇〇三年には「NPO伊万里はちがめプラン」として法人化しました。施設の建設費約四〇〇〇万円のうち、一〇〇〇万円は今でいう市民ファンドにより集め、残りは銀行融資とされたそうです。

「生ごみを宝に！」をキャッチフレーズに、地域の公民館で住民説明会を重ね、地域ごとに市民会員を募っていきました。市民会員は月額五〇〇円（年六〇〇〇円）の会費を支払うのですが、この会費制自体が市民側からの発案で、月々の集金・納金は地域ごとの市民グループの担当者が自主的に行っています。

●生ごみステーション

市民会員は、五～一〇軒の家庭ごとにグループを作り、地域内の民家の門の脇や公民館の敷地内などに「生ごみステーション」と呼ばれるサイトを設定します。ここには、生ごみを入れるための蓋付き大型プラスチックバケツと廃食油収集用の二〇リットル容量のポリタンクを設置します。バケツの蓋には石（重し）を載せて、ネコなどがいたずらしないようにします。

市民会員は家庭から二四時間いつでも好きなときに生ごみをステーションに持参できます。ここには、はちがめプランの軽トラックが週二、三回巡回してきて、バケツごと生ごみを収集し、代わりに洗ったバケツを置いていきます（図6－14）。真夏でも生ごみバケツの周辺が臭うようなことはほとんどなく、また、汚水が出て周囲を汚すようなこともありません。なお、生ごみ収集にパッカー車（ごみ圧縮装置付き収集車）を用いる方法をとった自治体では、汚れた生ごみバケツがステーションに残されるので、それを洗浄する市民の負担が大きく、分別収集の協力が広がらずに難儀しているところがあります。

●本当に、ごみが宝になった！

当初、生ごみ堆肥ができても、さっぱり売れなかったといいます。農家からは「ごみで作ったような肥料をうちの畑に入れるわけにはいかない！」とさんざん言われたそうです。困った福田さんたちは一計を案じ、休耕田に生ごみ堆肥を入れて菜の花を栽培し、菜種を収穫して菜種油を生産し、販売するようにしました。

これらの事業は全国組織の「菜の花エコプロジェクト」と連携して、栽培法や搾油法のノウハウを教わるとともに、省庁等の助成金を活用して搾油設備等を導入したり、市民や小中学生を巻き込んだイベントとして実施したりすることで、多くの参加者が楽しんで活動に参加でき、協力の輪が広がるという効果が生まれました。退職者らで作る「いまり（菜の花）の会」と共同して「環境杯グラウンドゴルフ大会」を毎年秋に開催し、毎回五〇〇名以上の参加者を集め、全員に菜の花の苗を配布して栽培面積の拡大を図るなど、あの手この手で効果的なPRや事業拡大を図っていきました。このようなイベント開催により話題性が高まり、マスコミ各社による新聞・テレビの報道も盛んとなりました。

さらに、佐賀大学の支援もあり、市民向けの講演会「環境フォーラム」や小中学校での出前授業を福田さんと佐賀大学の教員とのコラボで年数回実施しています。

このような取り組みを重ねていくうちに、次項で説明する佐賀大学による生ごみ堆肥の品質評価とも相まって、生ごみ堆肥の良さが農家や市民に徐々に浸透していき、いつの間にか品切れ状態が続くまでになりました。

大学による支援

　このような活動が佐賀大学の複数の教員の目に止まり、二〇〇三年、佐賀大学が進める七つの地域貢献事業の一つとして、食資源循環支援事業「はちがめエココミねっと」が発足し、筆者が代表世話人に就任しました。県内の市民や行政、企業による食資源循環運動を学術的に支援することが目的で、特に、はちがめプランの活動を佐賀県内の優良モデルとして発展させることで、全国に、さらには世界に情報発信することを目指しました。折しも地域貢献事業を推進する文科省の政策も追い風になって、各種事業費の補助を得て、二〇〇五年には、はちがめプランの敷地に隣接して佐賀大学のプレハブ校舎「伊万里はちがめ教室」を建設し、現場体験型の教育と研究の体制を整えました。

　さらに、関連する研究テーマを学内で公募し、生ごみ堆肥の効果を判定する栽培試験や、エコビジネスの会計分析などを実施しました。その成果の一部として、生ごみ堆肥は植物の三大栄養素である窒素、リン酸、カリウムがバランスよく含まれているため、化学肥料なしに良質の農産物ができること、このときホウレンソウなどの葉菜類には堆肥を土壌に混合施肥するのがいいけれど（図6－15）、ニンジンなどの根菜類では混合施肥はヒゲ根の発根を促してしまうため表面施肥がよく、しかも雑草抑制効果もあること（図6－16）を明らかにしました。すなわち、生ごみ堆肥を上手に使うことで、減農薬・減化学肥料の農業を達成できることが実証されたのです。

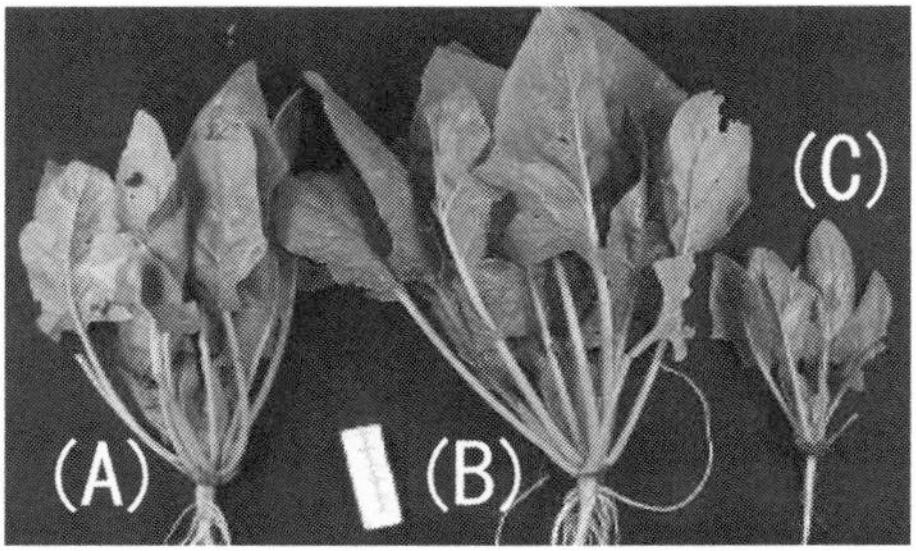

図6-15　はちがめ生ごみ堆肥の栽培試験結果（葉菜類）
はちがめ堆肥の施用によるホウレンソウの生育の違い
（A）被覆区　（B）すき込み区　（C）無施用区

①

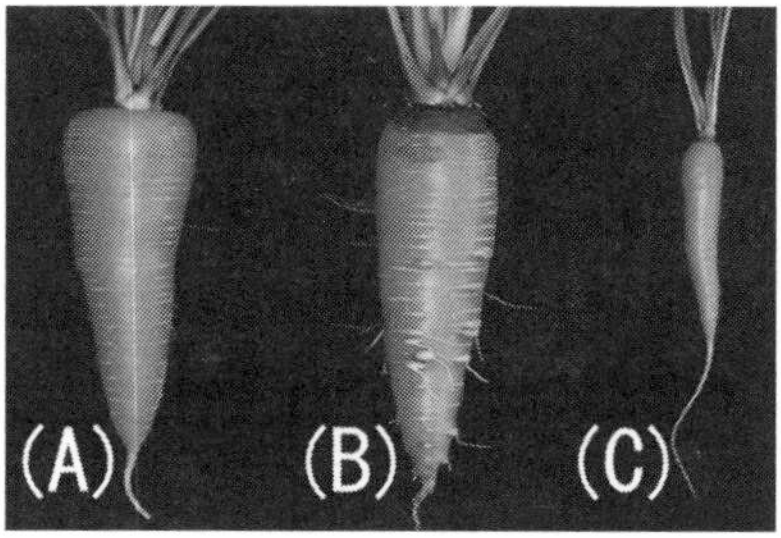

②

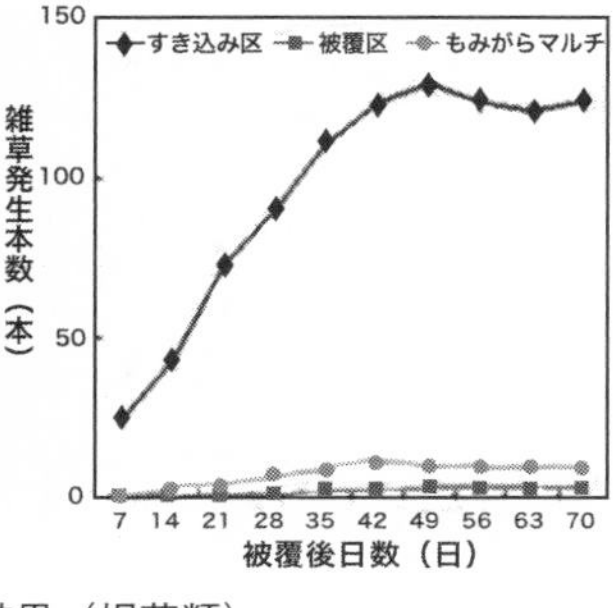

図6-16　はちがめ生ごみ堆肥の栽培試験結果（根菜類）
①はちがめ堆肥の施用によるニンジンの生育の違い
（A）被覆区（B）すき込み区（C）無施用区
はちがめ堆肥は、肥料成分にも富むことがわかる。その分、無化学肥料にできる。
②はちがめ堆肥マルチの雑草抑制効果
はちがめ堆肥を畑の表面に撒くと、雑草の発育を抑えることができる。そのため、除草剤を少なくでき、減農薬にできる。

さらに微生物分析により、はちがめプランの生ごみ堆肥には、通常の堆肥の二倍以上、一グラム当たり六〇〇億個もの微生物（主に細菌）が存在することが明らかになりました。これほど大量の微生物が生息する堆肥も珍しく、これらの活動エネルギーにより発熱し、堆肥が高温になります。

また、佐賀大学とはちがめプランの協働により、全国各地からの見学者の受け入れや技術移転事業を進めており、この数年では、佐賀県、福岡県、熊本県各地で講演会を開催しています。一方、国際貢献の取り組みとして、タイ王国の市民や自治体への技術移転を二〇〇四～二〇〇五年に実施したほか、各国からのＪＩＣＡ（国際協力機構）研修生の受け入れを二〇〇七年以降毎年三グループ程度実施しています。

●生ごみ堆肥化のメリット

市民会員の声を取材しました。

①いつでも生ごみを台所から出せるので、真夏でも室内が臭くなりません。
②生ごみを分別するので、その分「燃えるごみ」の量が減り、市の回収に出すごみ袋が小さくてすむし、ゴミ袋代も節約できました。

③「燃えるごみ」の袋から生ごみがなくなったので、悪臭がしないし、ごみ集積所でカラス等がゴミ袋を突くようなことがなくなりました。
④なにより、ささやかでも地球環境保全（温暖化防止）に貢献しているという自覚が嬉しいです。
⑤出前授業で子どもたちが福田さんの話を聞いてくるので、家庭内で率先して生ごみの分別をしてくれるようになりました。家事のお手伝いのきっかけにもなっています。

一方、自治体サイドのメリットとは、どのようなものでしょうか？　生ごみは可燃ごみの約三割を占めているので、分別することで焼却量を大きく減らすことができます。はちがめプランでは、毎日約二トン、年間七〇〇トン弱の生ごみを回収しているので、その分、清掃工場での焼却量が減っているはずです。伊万里市全体では年間約五〇〇〇トンの家庭生ごみが排出されていると見積もられるので、自治体として本格的に生ごみの分別収集・堆肥化に取り組めば、焼却ごみの減量効果は大きいと期待されます。

●はちがめプランは実証施設

二〇二〇年現在、生ごみステーションは三〇ヶ所三〇〇世帯、飲食店・スーパー等の食品関連七一事業所の参加協力を得ています。市民からの会費と、事業所からの負担金、堆肥の売り上げが主な収入源で、各種省庁等からの助成金も事業推進に役立てています。生ごみ収集・堆肥化スタッフ二名、事務員一名、直売所販売員一名で、事業の単年度収支は黒字です。施設建設費の銀行債務も支払いが終了しています。ただ、福田さんもスタッフ同様に従事していますが無給で、理事数名がときどきボランティアで従事しています。このように、はちがめプランは、事業所としては台所が苦しい状態です。

これを解消するのはじつは簡単で、収集の手間のかかる生ごみステーションを減らし、事業系の生ごみの扱いを増やせばいいのです。しかしそれでは、はちがめプランの目的が損なわれると、福田さんは明言します。はちがめプランの目的は、自治体が生ごみ堆肥化に取り組むための「実証施設」であると位置づけています。すなわち、家庭で生ごみを分別できること、それを効率よく収集できること、安価な堆肥化により良質の肥料ができること、販路として市民や農家が生ごみ堆肥の良さを理解して購入すること、など一連の課題を実証するための実験的施設であるというわけです。

福田さんは、地元の自治体が全市を対象として家庭生ごみの堆肥化事業に取り組むことを当初から期待していましたが、その願いは現在のところ実現していません。また各地の自治体への技術移転の試みも、実現に向けて進んでいるものは少ないのが現状です。いいことずくめの生ごみ堆肥化ですが、自治体が生ごみ堆肥化に躊躇する理由はどこにあるのでしょうか?　市民がリードしているところは自治体がついてこない、自治体がリードしているところは市民活動がいまひとつ、という傾向が否めません。市民と自治体のコラボが、今まさに求められています。

第7章　洞窟の微生物

洞窟はなぜできた?

ここまで土壌や堆肥という、人の生活や農業などで重要な働きをする微生物のお話をしてきました。でもこの章では、皆さんにあまり馴染みのない、しかしきっと一度は行ったことのある洞窟、その中で活動する微生物についてご紹介します。じつは洞窟には微生物がたくさん棲みついていて、人知れず様々な活動をしているのです。たとえば、鍾乳石の成長を早めたり、軟らかい奇妙な鍾乳石を作ったり、さらには巨大で美しい景観を作ったりしているのです。

そもそも、洞窟、中でも石灰岩でできている鍾乳洞は、それ自体が微生物の作用によって作られたものなのです。それも、土壌微生物の働きが大きいのです。いったいどういう仕組みでしょうか?

石灰岩は大昔のサンゴやフズリナ、石灰藻などの生物の死骸が堆積して形成されたものです。これらの生物は緑藻やシアノバクテリアと共生することで、栄養分に乏しい海でも発育できたのです。この石灰岩が隆起して地上に現れたもの、すなわちカルスト地域では雨水の作用で洞窟が形成されます。

雨水は降ってくる間に大気中の二酸化炭素を吸収して薄い炭酸水になります。その雨水が土壌に染み込むと、さらに二酸化炭素が溶け込み、高濃度の炭酸水ができます。それは、土壌中の微生物が行う呼吸によって大量の二酸化炭素（CO_2）が放出され、それが土壌に含まれているためです。これが石灰岩の主成分である炭酸カルシウム（$CaCO_3$）を徐々に溶かしていくことで、長い年月をかけて洞窟ができます（図7－1で反応が右から左に進みます）。

一方、石灰岩を溶かして洞窟を作った水が洞内の空間に出ると、二酸化炭素が空気中に放出されます。すると、図7－1の反応が左から右に進んで、つらら石や石筍《せきじゅん》など様々な鍾乳石ができます（図7－2）。このように、石灰岩も鍾乳洞の空間も、微生物の作用で形成されたものなのです。

$$Ca^{2+} \quad + \quad 2HCO_3^- \longleftrightarrow CaCO_3 \quad + \quad H_2O + CO_2$$

カルシウムイオン　炭酸水素イオン　炭酸カルシウム　水　二酸化炭素

←石灰岩が溶ける　　　沈殿する→（鍾乳石やトゥファができる）

図 7-1　石灰岩が水に溶けたり、逆に沈殿したりする仕組み

図 7-2　洞窟内のいろいろな鍾乳石
つらら石：上から垂れ下がっている鍾乳石
石筍：地面から上に伸びている鍾乳石
石柱：つらら石と石筍がつながって柱状になったもの

図7-3　光カルスト
指でさしている多数の突起状の鍾乳石が、手前の光の差す洞口に向かって突き出している。

観光洞で見る微生物の働き

皆さんも一度は洞窟に入ったことがあると思います。それは観光洞といって、照明や歩道などが設備されて安全に見学できる洞窟です。龍泉洞《りゅうせんどう》（岩手県）、日原鍾乳《にっぱらしょうにゅ》洞《うどう》（東京都）、竜ケ岩《りゅうがし》洞《どう》（静岡県）、秋芳洞《あきよしどう》（山口県）、球泉洞《きゅうせんどう》（熊本県）、龍河洞《りゅうがどう》（高知県）、玉泉洞《ぎょくせんどう》（沖縄県）などが知られています。

観光洞でも洞窟微生物の活動を詳しく観察できることがあります。まず、洞窟の入口の太陽光が入ってくる場所では、小さな針状や釘状の鍾乳石が光の来る洞口に向かって長く伸びている様子を見られる場合があります（図7－3）。これは光カルスト（光指向性カルスト）といい、洞窟の入口で溶食してできる光カレンと、光に向かって成長する光鍾乳石があります。シアノバクテリアや緑藻類が関与していると考えられていますが、詳しくは未解明です。

シアノバクテリアなど光合成を行う微生物の働きで有機物ができ、それからさらに有機酸が作られ、それにより石灰岩が浸食されて基底部がへこんでいくことで光カレンが形成されると考えられています。カレンというのは、石灰岩地帯の地上にある石灰岩と石灰岩の基底部（へこみ）のことをいいます（図7－4）。これも前項で説明した微生物作用による石灰岩の溶解でできた地形です。大きな石灰岩の間のへこみと、指先がようやく入るかどうかの小さな光カルストのへこみとが、いずれも微生物の作用でできているのです。

図7-4　カルスト地形
山全体がじつは一枚の石灰岩のかたまりで、バラバラに見える石灰岩は地下で皆つながっている。岩と岩の間のへこみをカレンという。この地形も土壌微生物がもたらしたもの。

逆に、シアノバクテリアの光合成によって炭酸カルシウムの沈殿が促進されて、光に向かって成長して形成される場合があります。これを光鍾乳石と呼びますが、後述のトゥファのような作用でできます。

このような光カルストの多くは長さが数ミリメートルから数センチメートル程度ですが、沖縄や外国の洞窟では、一〇センチ以上の針状に

図7-5　観光洞の照明で発育する植物
洞外から入ってきたコケ類などが繁茂すると、洞窟の環境が変化しかねない。

伸びているものがあります。

　さて、洞窟から地下河川が流出している観光洞では、洞口付近にトゥファができていることが多いです。これは次項で詳しく説明しますので、今度観光洞に入るときに注意してみてください。

　さらに洞窟の奥に入っていくと、様々な鍾乳石を楽しむことができると思います。ところが、照明の当たっている場所では蘚苔《せんたい》類やシダ植物が繁茂している光景が見られることがあります（図7－5）。これは照明が強すぎて、洞外の緑色植物の種子が発芽して繁茂してしまったのです。そうなると、植物を食べる昆虫類や植物を分解する微生物が洞外から侵入してきて、洞窟の環境を大きく損ねてしまいかねません。このような現象は世界的にも多くの観光洞で起きていて、洞窟環境の破壊が懸念され大きな問題となっています。

　その対策として、照明を落としたり、観光客が来たときにだけセンサーで照明をつけたりするといった工夫がなされています。ＬＥＤライトは発熱しないため、他の照明器具よりは

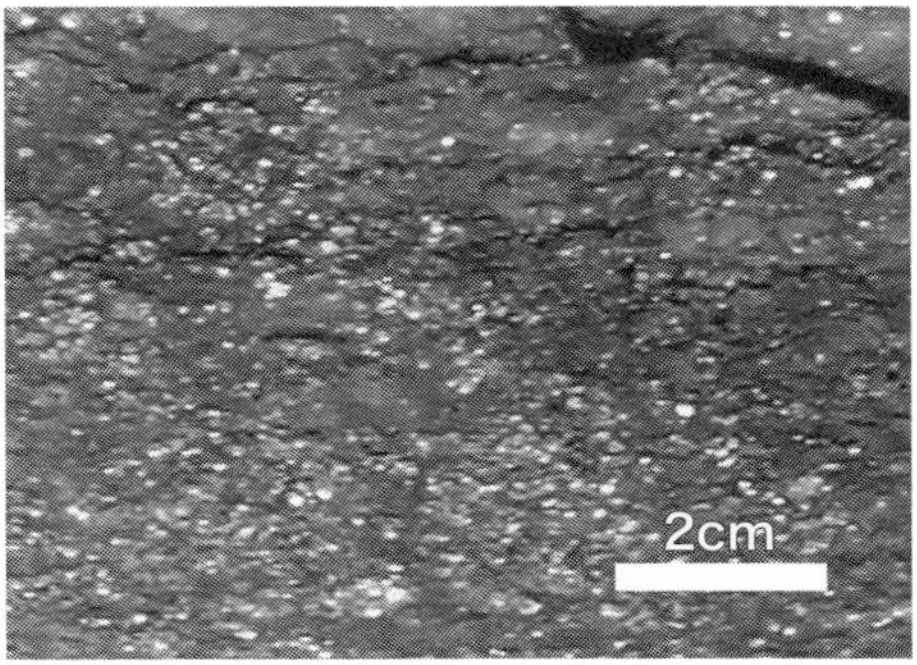

図7-6　洞窟に広がる放線菌
白色や黄色など胞子の色は様々。

影響が少ないようです。また、今までのように煌々と灯りをつけるのではなく、必要最小限度の照明にして、かえって効果的な光の演出に成功している観光洞もあります。

さて、洞窟に入ったときに、何か特有の臭いに気づいたでしょうか？　腐葉土のようなあの独特の臭いは、放線菌が作る物質です。放線菌は洞壁いっぱいに繁殖していることも珍しくありません。白色や黄色の胞子を作り、それらが粉を吹いたように見えます（図７－６）。土壌や堆肥では植物病原菌を抑える拮抗菌として、また腐植物質を作る善玉菌として活躍している放線菌ですが、洞窟ではひっそりと壁面で繁殖しています。その栄養源はたぶんグアノ（コウモリのふんの堆積物）の抽出液です。放線菌の繁殖している場所の上部にはたいていグアノ溜まりがあります。そこから洞内の滴下水（岩の割れ目

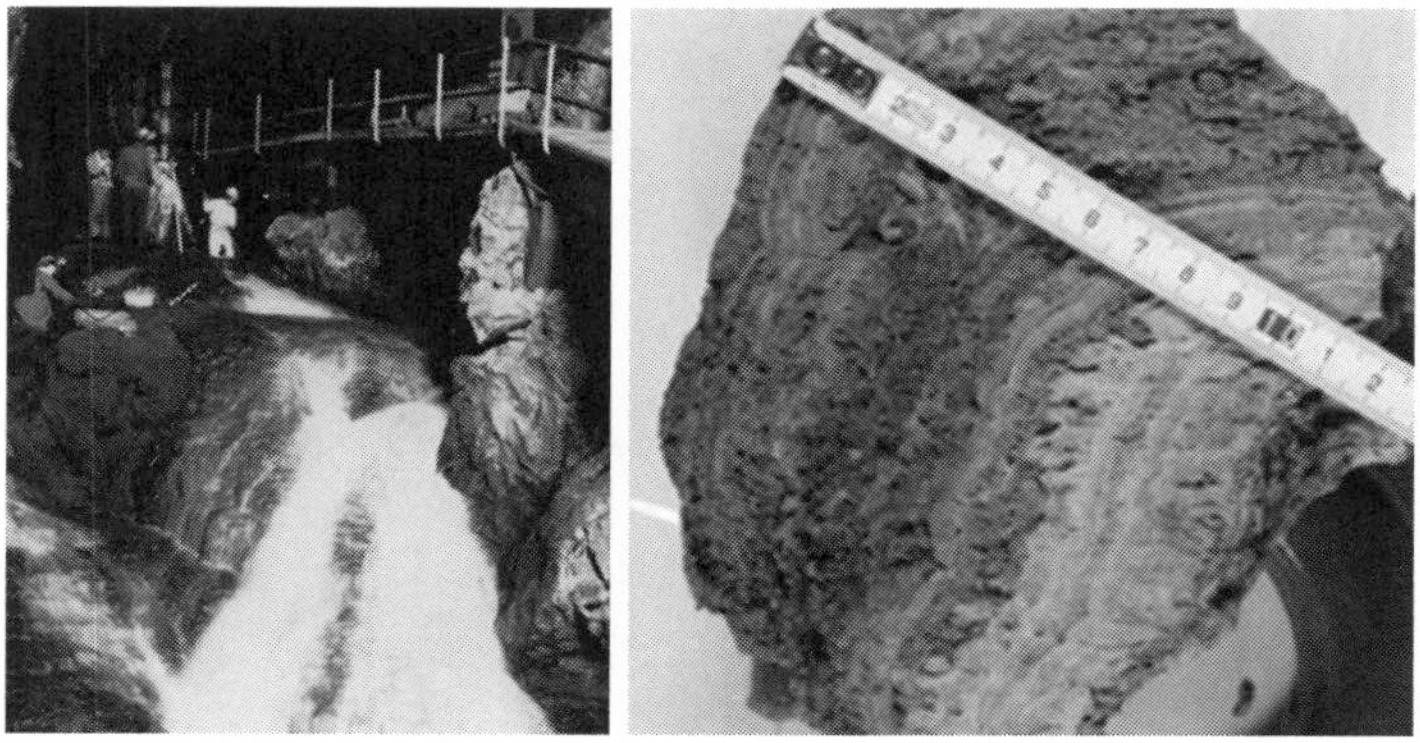

図7-7　トゥファの外観と断面
左：秋芳洞の洞口にある滝が盛り上がっているのはトゥファのため。
右：トゥファの断面（愛媛県城川の試料）。縞模様が見える。

を伝って流れ落ちてくる水）によって少しずつ養分が溶かされて供給されているのでしょう。

洞窟内の放線菌の多くはストレプトマイセスという種類のようで、このグループの放線菌には抗生物質を作る種類が多数あります。しかし洞窟の放線菌についてはあまり研究が進んでいません。もし詳しく研究したら一攫千金の治療薬を発見できるかもしれませんね。

トゥファ——シアノバクテリアが作る鉱物

国の特別天然記念物である秋芳洞の洞口からは地下河川が流出していますが、普通の小川なら水流による浸食でV字型になる

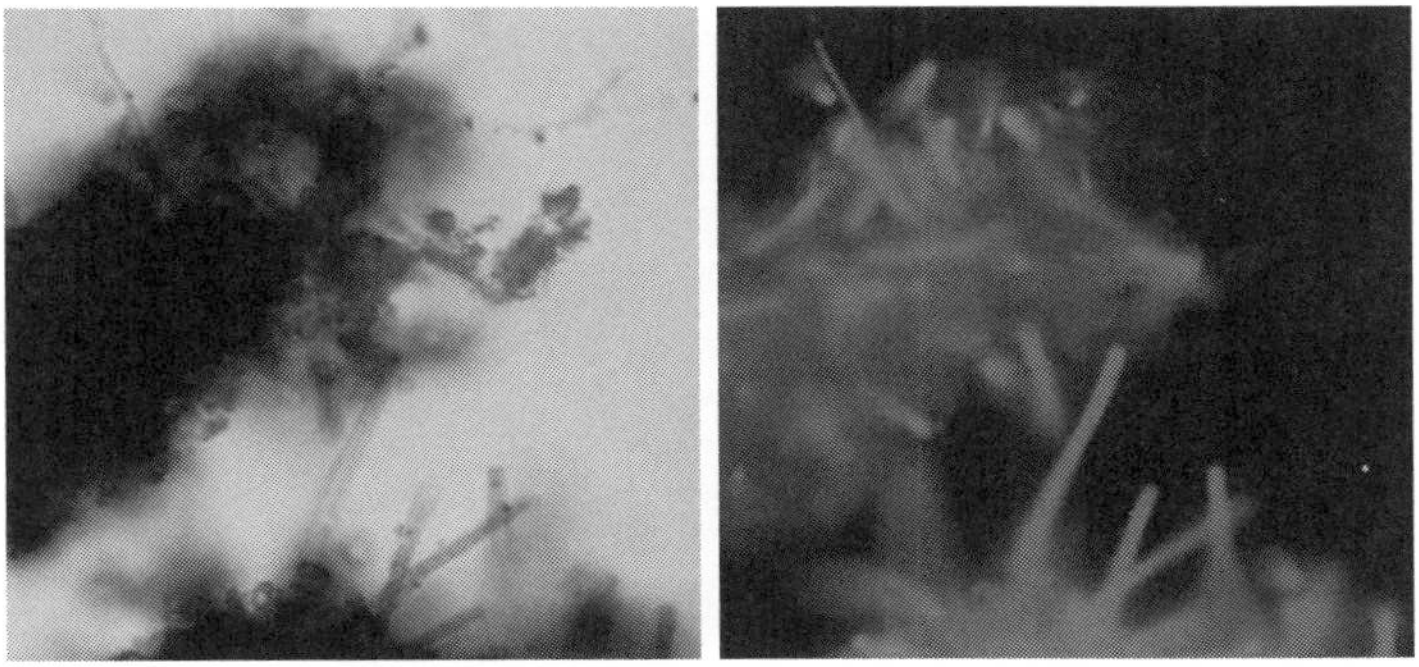

図7-8　トゥファの顕微鏡像
左：通常の顕微鏡で見たトゥファ。暗色のトゥファ本体からシアノバクテリアが突き出ている様子が見える。
右：同じ視野を蛍光顕微鏡で見たもの。葉緑体による蛍光を発するシアノバクテリアの菌体が透けて見える。

はずの流れの断面が、むしろ逆に盛り上がって小さな滝を形成しています（図7−7、左）。これは、トゥファが積み重なっているためです。古くは瀧穴と呼ばれた秋芳洞の洞口はじつはトゥファでできているのです。

トゥファ（tufa）は多孔質で縞状に形成される炭酸塩鉱物で、石灰岩地域の湧泉や洞口から流出する地下河川などで堤状や滝状に形成されます。内部には年輪状の縞々（図7−7、右）が見られますが、これは水に微量含まれる腐植物質が夏季に旺盛に沈着するためにできたものです。その成因には、光合成を行う細菌であるシアノバクテリアが主に関与しています。なお、台湾スイーツのトゥファ（豆花）は別物です、

図 7-9　中国四川省黄龍のトゥファによる巨大なリムストーンプール

念のため。

シアノバクテリアは洞口の弱い太陽光でも効率よく光合成できる性質を持っているので、炭酸水から二酸化炭素を引き抜いて光合成に使い、その結果炭酸カルシウムの溶解平衡が沈殿側（図7－1で右側）にずれるために炭酸カルシウムの沈殿が進み、これがシアノバクテリアの菌体を覆いながら沈殿しトゥファが成長していきます。この様子は蛍光顕微鏡で見るとよくわかります（図7－8）。トゥファにくるみ込まれたシアノバクテリアは後に死滅して分解し、細胞の跡が多孔質の空隙となって残ります。そのためトゥファは、糸鋸で容易に切れる程度の軟らかい鉱物です。

このように微生物によって炭酸カルシウ

ムの形成が促進される反応は、生物的鉱物化作用（Bio-mineralization）と呼ばれる現象の一つです。微生物が鉱物の形成を促進しているのです。

トゥファは外国ではよく知られていたのですが、日本にも秋芳洞をはじめ多くの鍾乳洞の洞口や湧泉に分布することがわかってきたのは、一九八〇年代後半〜一九九〇年代に九州大学の吉村和久教授が中心となって組織した「秋芳洞を調べる会」の調査研究によるところが大きいです。その調査には、学生や市民の洞窟探検グループも大きな力となりました。

ユネスコの世界自然遺産に指定されている中国四川省の黄龍《ファンロン》や九寨溝《シルツアデグ》では、大きな谷に巨大な堤状のトゥファが形成されています（図7－9）。この棚田状の地形をリムストーンプール（畦石池）といい、日本では秋芳洞の百枚皿が有名ですが、黄龍の規模は圧巻です。ここでは炭酸過飽和の湧泉が上流にあり、物理的な衝撃による二酸化炭素の放出が主な成因と推定されていますが、シアノバクテリアや緑藻の効果もあると考えられています。

図7-10　岩手県夏油《げとう》温泉の巨大石灰華

なお、温泉地で炭酸カルシウムの沈着が

起きて堤状やドーム状の炭酸塩沈殿物が形成されることがあり、石灰華と呼ばれています。これらはトゥファである場合（図7－10）と、生物が関与しないトラバーチンという、より緻密な構造を持つものがあります。

図7-11　ムーンミルクの外観
手で触れると簡単に取れるくらいの軟らかさ。

ムーンミルク
――未解明の軟らかい鍾乳石

ムーンミルクは鍾乳洞の壁面や鍾乳石の表面に生成する粘土状の軟らかい物質です（図7－11）。成分は普通の鍾乳石と同じ炭酸カルシウムで、鉱物名としては普通の鍾乳石の成分と同じ方解石（calcite）です。普通の鍾乳石と違うのは、方解石の結晶が微細なままである点です。湿った状態では粘土状ないしクリームチーズ状で、乾燥すると固化し、粉砕すると粉末状になります。

寒帯から熱帯の洞窟に分布していますが、存在する洞窟はなぜか限られています。ヨーロッパアルプスの冷涼な洞窟では古くから知られていて、ドイツ語でMondmilch（月のミルク）、英語でMoonmilkと呼ばれています。和名では「月乳石」という名称が提案されて

図7-12　洞窟全体を覆うムーンミルク（熊本県球泉洞）

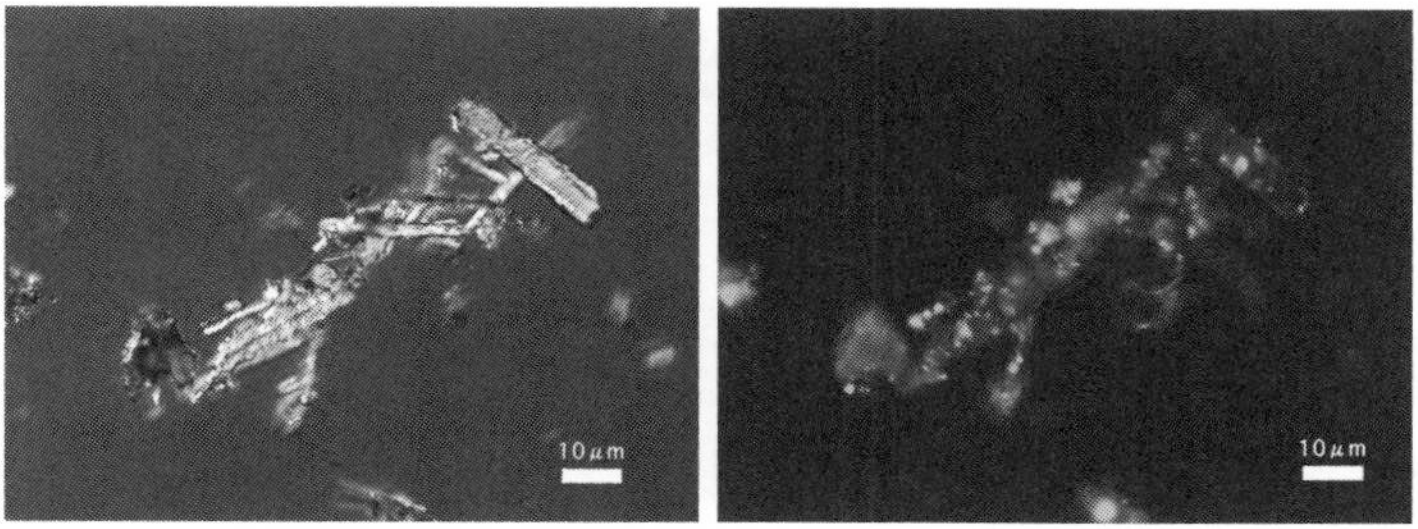

図7-13　ムーンミルクの顕微鏡像
左：通常の顕微鏡像（方解石の微細な板状の結晶が多数見える）
右：同じ視野の蛍光顕微鏡像（多数の細菌が光って見える）

います。

日本では一九七〇年代に岩手県の内間木洞《うちまぎどう》と山梨県の青岩《あおいわ》鍾乳洞で発見されましたが、その後、熊本県の大金峰洞《おおがなみねどう》や球泉洞（図7－12）でも発見され、さらに小規模なものは全国各地の洞窟で見出されるようになりました。多くは洞窟の壁面に数ミリの厚みで形成されていますが、洞窟によっては数センチから数十センチの厚みで形成されている場合があり、そのような規模の違いの原因もわかっていません。

その成因には微生物が関与していると昔から考えられており、各国の洞窟微生物学者たちがいろいろ調べていますが、まだ解明されていません。確かに、ムーンミルクには多数の細菌が生息しています（図7－13）。筆者の研究室でムーンミルクの遺伝子解析をしたところ、各地のムーンミルクに共通する細菌群を見出しましたが、はたしてこれがムーンミルクの成因に関係しているかは、さらに研究が必要です。

イオウ酸化細菌——石膏を作り、巨大洞窟を作る!?

秋芳洞の有名な観光名所に黄金柱《こがねばしら》がありますが、その反対側に紺屋《こんや》の藍壺《あいつぼ》と呼ばれる場所があります（図7－14）。名前の通り真っ黒な物体が石灰岩の上を覆っていますが、これはコウモリのふんの堆積物、グアノです。大量なので、この場所にはその昔多くのコウモリが棲みついていたに違いありません。

さて、黒いグアノの下には少し黄色みがかった白くてやや軟らかい物質があります。これはじつは石膏です。しかも、秋芳洞を調べる会が調査したら、なんと四メートルも積もっていることがわかりました。鍾乳洞を形成する石灰岩は炭酸カルシウム（$CaCO_3$）でできています。一方、石膏は硫酸カルシウム（$CaSO_4$）です。石灰岩の中になぜ石膏が存在するのでしょうか？

図7-14　紺屋の藍壺のグアノ層（足下の黒い部分）と石膏層（白色の部分）

それにはやはり微生物の作用が関係しています。グアノの中の有機物にはタンパク質が含まれ、微生物により分解されるとアミノ酸ができます（図７－15）。アミノ酸の中にはシステインやメチオニンなどイオウ成分を含む含硫アミノ酸があります。これらが微生物によって分解されると、硫化水素が発生し、周囲の鉄イオンと結合して硫化鉄になります。これは黒色をしています。コウモリの

タンパク質

↓　← 様々な微生物

アミノ酸（含硫アミノ酸）

↓　← 様々な微生物

硫化水素　H_2S

↓　← 鉄イオンと結合（非生物的反応）

硫化鉄　FeS

↓　← イオウ酸化細菌＋非生物的反応

硫化水素　H_2S

O_2→　↓　← イオウ酸化細菌

硫酸イオン　SO_4^{2-}

↓　← 石灰岩$CaCO_3$と反応

石膏　$CaSO_4 \cdot 2H_2O$

図7-15　微生物によるグアノから石膏への形成反応
グアノに含まれるタンパク質がもとになり、洞窟内で数段階の作用を経て石膏が作られる。

糞は新鮮なうちはネズミ色をしていますが、古くなると黒っぽくなるのはそのためです。

さて、この硫化鉄を含むグアノに洞内の滴下水が流れてくると酸素が供給され、イオウ酸化細菌が活動を開始して、非生物的な反応も加わって硫化鉄が硫化水素に変換され、さらにイオウ酸化細菌が硫化水素を酸化して硫酸イオンにします。これはつまり硫酸です。これが周囲の石灰岩（炭酸カルシウム）を溶かして石膏（硫酸カルシウム）を作ります。四メートルもの石膏の層を作るには、その上にどれだけのグアノが蓄積していたことでしょうか。

このようなグアノ層の下に形成され

た石膏層は、小規模なものであれば各所の洞窟で観察することができます。むしろ、グアノが堆積していたら、その下部には石膏の層があると考えていいでしょう。皆さんもグアノの堆積物を見かけたら、ぜひ探してみてください。

さてさて、このイオウ酸化細菌の栄養源は硫化水素です。これは硫化水素泉が湧く温泉ではよく経験する、卵の腐ったような臭いのする有毒ガスです。まず、そんな毒ガスが栄養源だということに驚きますが、硫化水素泉の湯船に舞う湯の花はこの菌体のかたまりです（第8章）。硫化水素泉が湧出しているような洞窟は、幸い日本にはありませんが、外国では何ヶ所かあります。そのような洞窟では防毒マスクをして入らないと命に関わります。詳しく調査した洞窟微生物学者の研究によれば、硫化水素を栄養源として発育したイオウ酸化細菌を昆虫類が食べ、その昆虫を地下河川に棲む目の退化した魚が食べるという食物連鎖が、ほぼ閉鎖された洞窟内で成立しているというのです。

この現象は、地表から何キロメートルも地下に微生物だけではない生物の地下生物圏が存在する可能性を示しています。はたしてそのような地下生物世界が存在するのか、洞窟よりもさらに地下奥深くの世界への興味は尽きません。

第8章 土壌から宇宙へ

温泉の微生物――最初の生物の子孫？

この章では話が土壌から宇宙に飛び出します。でもまずは温泉から始まります。硫黄臭のする温泉の湯口やお湯の中に白いヌルヌル（図8‐1）が揺らいでいるのを見たことはありませんか？　これは湯の花、あるいは硫黄芝と呼ばれる温泉生成物で、じつはイオウ酸化細菌のかたまりです（口絵⑫⑬）。この菌は洞窟内で石膏を作るばかりではなく（一五六ページ）、温泉にも棲みついているのです。この菌は、温泉のお湯に含まれるイオウや硫化水素を酸化して硫酸イオンを作り、その際に得られるエネルギーで炭素固定をして有機物を作り、自分の菌体を合成します。植物は光のエネルギーを使って炭素固定を行いますが、この菌は光の代わりに化学反応を利用します。

このように化学反応を使って無機物から有機物を合成する能力を持つ微生物を「化学合成独立栄養菌」といいます。硝化菌（四九ページ）もそうです。こんな芸当は微生物にしかできません。

さてイオウ酸化細菌は、地下深い鉱山の坑道の割れ目や深海底の熱水鉱床などからも見つかっています。有機物を自分で作り出せるので、イオウ化合物と酸素、二酸化炭素と水さえあれば、有機物がなくても増殖できるからです。

熱水鉱床というのは、海底に湧き出した温泉のようなもので、意外にもたくさんの生物が集まって暮らしていることが深海探査艇の調査でわかってきました（図8－2）。海底の割れ目から熱水とともに硫化水素を高濃度に含むガスが湧き出し、海水中の鉄分と反応して硫化鉄の微細な黒色粒子が生成されるため、湧出ガスは

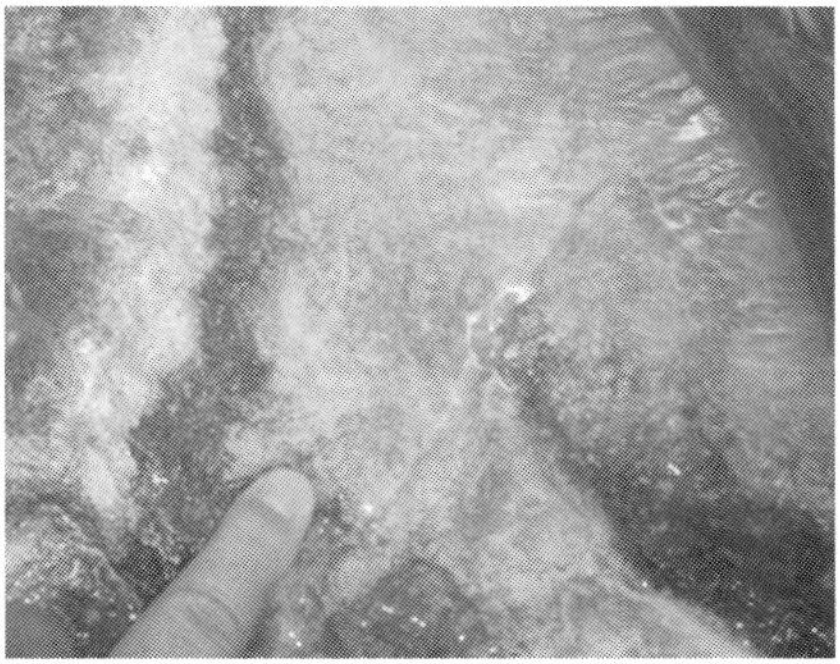

図8-1　硫黄温泉の湯口
白いヌルヌルは硫黄芝と呼ばれる。その正体はイオウ酸化細菌だ。

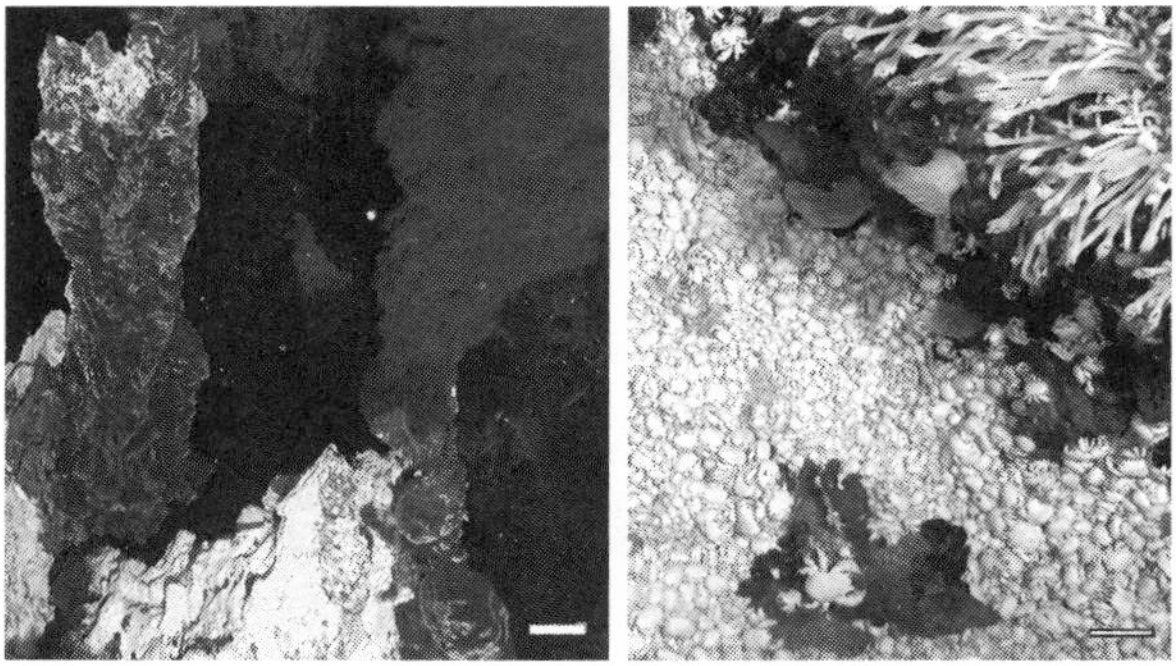

図8-2　深海の熱水鉱床
左：硫化水素を含む黒いガスが噴出している。塔状の物体はチムニーと呼ばれる天然物。
右：チムニーの周囲には多数のカニが群がっている。
スケールは10cm。Rogersら（2012）の図をトリミングして使用。

黒い色をしています。硫化物が石膏などの塩類となって固着し、チムニー（煙突）と呼ばれる数十センチから数十メートルの塔状の天然構造物ができて、その表面にバイオマット（層状になった微生物菌体）が発達し、それを食べるためにエビやカニが集まってきます。

有毒な硫化水素が噴出する近くに生物が集まっているというのは驚きですが、もっと驚くべきは、チューブワームという生物の存在です（口絵⑭）。写真ではわかりにくいですが、羽織を着たような形をしているので和名をハオリムシといいます。この生物にはなんと口も腸管もありません。じつは体内にイオウ酸化細菌を共生させて、栄養をもらっているのです。

ハオリムシは通常数千メートルの深海底に生息していますが、鹿児島市の「いおワールドかごしま水族館」ではなんと実物を見ることができます。これは、鹿児島湾の水深一〇〇メートル前後の海底に熱水鉱床があり、そこに生息している固有種サツマハオリムシの飼育に成功したからです。硫化水素ガスを含む特殊な海水中で飼育しています。安全のためビデオカメラやガラス窓越しでの観察になりますが、生きたハオリムシを見ることができるのは世界的にも珍しいので、機会があったらぜひ訪問してください。

このように熱水鉱床では、微生物を中心とした生物世界ができあがっています。ウナギまで集まっている場所も見つかっていて、微生物から脊椎動物までを含む一大生物世界が光の届かない海底で展開されているのです。そのエネルギー源は地殻のマグマに由来する物質です。地球上の生物世界はすべて太陽エネルギーに依存していると言われたのは、昔のことです。太陽エネルギーとは関わりのない、地殻エネルギーに依存する生物世界があるのです。

地殻の微生物——解き明かされるか、地底世界

地殻エネルギーに依存する生物世界の研究は、じつは洞窟、それも硫化水素が湧き出している洞窟で進みました。そのような洞窟では人間は一分と生きてはいられません。そのため

図8-3　硫化水素洞窟での調査風景
左下の白いものは洞内河川中のイオウ酸化細菌のバイオマット。Annette S.（2007）より。

防毒マスクと防護服の完全装備で入洞し試料を採取します（図８－３）。硫化水素洞窟があるアメリカの研究者たちによって解明されたのは、そのような洞窟にはイオウ酸化細菌を出発点とした生物世界が発達しているということです。イオウ酸化細菌の菌体（バイオマット）を洞内の小さな昆虫類が食べ、昆虫を小魚が食べます。これらの生き物たちは硫化水素があっても死なないような特殊な仕組みが体液などに備わっています。

　このような洞窟では湧き出る硫化水素のために酸素濃度が低い場合もあります。その場合には通常のイオウ酸化細菌のように酸素を使うことができません。しかし代わりに硝酸イオンを使えるタイプのイオウ酸化細菌が見つかりました。硝酸イオンはある種の岩石に含まれていますから、酸素がない環境でも活動できます。

　そうすると、光も酸素もない地中の奥深くでイオウ酸化細菌などをはじめとする微生物世界が存在する可能性があります。それを探るために、国際的な共同研究がスタートしています。大きな船の底から長いドリルを水深数千メートルの海底まで伸ばし、さらに海底の下の

図8-4　地球深部探査船「ちきゅう」
中央の高い鉄塔は、長いドリルを海底下の地殻奥深くまで打ち込んで試料を採取するために使われる。「ちきゅう」は毎年一般公開しているので、興味があればぜひ参加を。
大村ら（2006）より。

地殻の奥深くまで掘り進め、地下資源や微生物の調査をするのです。日本では海洋研究開発機構（JAMSTEC）を中心に進められています。JAMSTECの地球深部探査船「ちきゅう」（図8－4）が二〇〇六年以降に調査航海を開始して大きな発見を次々と成し遂げています。「ちきゅう」に乗り込んだ微生物研究チームは地殻内の微生物の調査を行い、大きな成果を上げてきました。新種の微生物の発見はもちろんのこと、地下の微生物世界（地殻生物圏）の概要がわかってきました。

地下の高温で水が分解されて水素ができます。すると、メタン生成菌が二酸化炭素を使って水素を酸化してエネルギーを得て、炭素固定して有機物（自分の菌体）を作ります。生成したメタンガスは硫酸還元菌によって硫酸イオンを用いて代謝され、硫化水素が生成されます。この硫化水素をイオウ酸化細菌が利用して硝酸イオンで酸化し、硫酸イオンを生成し炭素固定もします。この硫酸イオンは硫酸還元菌によって再度使われます。これらの微生物の死骸を利用して従属栄養性菌も発育するため、多種多様な微生物の世界が地殻内にできあがっているのです。

このような微生物世界の栄養源は、水素、二酸化炭素、メタン、硫化水素などです。これらは地殻内の岩石から供給されるものなので、岩石栄養と呼ばれます。

地殻内の微生物の存在量は約五〇〇〇億トンと推定されていて、陸上の動植物の生物量（約六〇〇〇億トン）にほぼ匹敵するだろうと考えられています。まさに地底には知られざる一大生物世界が存在しているのです。ただし残念ながら、今のところ地殻からは微生物以外の生物は見つかっていません。しかし酸素さえあれば高等生物が存在しても不思議ではありません。いつの日か、そんな発見のニュースが駆け巡るかもしれません。

生命の起源と地球外生命体発見の可能性

イオウ酸化細菌の栄養源は硫化水素や硝酸イオン、二酸化炭素などですから、原始の地球にも存在した物質ばかりです。しかも温泉や熱水鉱床のような高温の環境でも生存できる種類もいます。そのため、三八億年前の原始の地球で初めて出現した生命体は、このような細菌に近いものだろうと考えている研究者も多いです。つまり、現在温泉などで見るイオウ酸化細菌は原始生命の直系の子孫かもしれないのです。まさに熱水鉱床が生命発祥の場ではないかと考える研究者も増えてきました。

原始生命の起源については、オパーリン説が有名です。これはまず単純な有機物が自然現象でできて、それが次第に複雑な有機物になり最初の生命が発生したとする説です。しかしこの学説には大きな欠点があって、それは最初の生命は従属栄養性である、つまり有機物を消費するタイプの微生物であるということです。そうすると、ひとたび生命が生まれたら、ひたすら有機物を消費してしまい栄養がじきに枯渇するでしょう。

そもそも、地球の生命はすべてまったく同じ基本設計でできています。まず炭素骨格による有機物でできています。炭素は他の元素と結合するための腕を四本持っているため複雑な分子構造を作るのに便利な元素です。しかし珪素でも腕は四本あるので、ケイ素骨格でもよかったはずです。そうしたら岩のような硬い生物になるでしょうね。

また遺伝情報はＤＮＡという高分子の分子構造内に込められていますが、ＤＮＡはアデニン（A）、チミン（T）、グアニン（G）、シトシン（C）という四種類の物質で作られていて、これらの物質は大腸菌から人間までまったく同じです。さらに、生体のタンパク質を構成するアミノ酸は約二〇種類ありますが、どれもL型です。化学合成すると同じ化学式を持つアミノ酸でも、D型とL型という二種類ができます。これはちょうど右手と左手の関係と

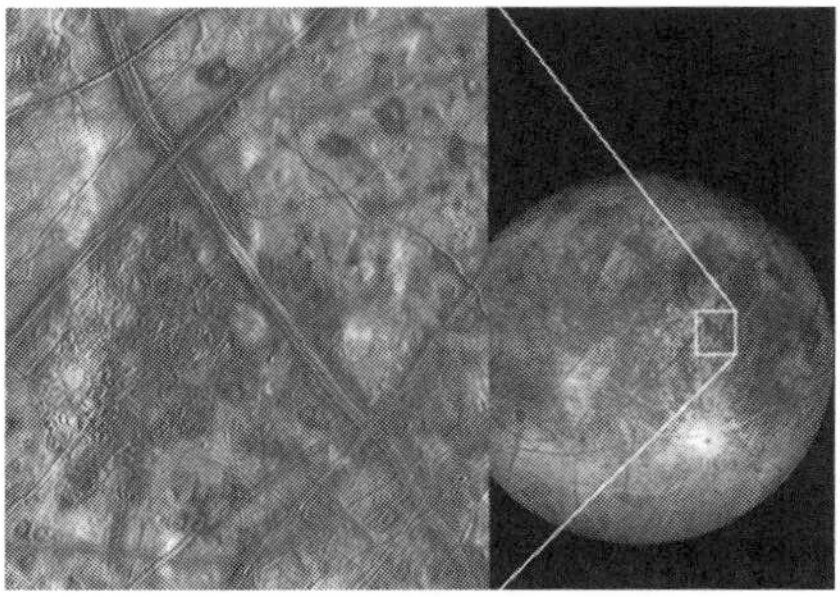

図8-5　木星の第２衛星エウロパ
月くらいの大きさで、地表面に酸化鉄による赤い模様があり、かつて水が存在した証拠と言われている。表層の氷核の下には海がある可能性がある。NASA 画像。

同じで、化学組成は同じでも立体構造が違うのです。しかしなぜかすべての生物にはL型しかありません（ごく一部の分子にはD型が使われていますが）。

このように考えると、地球の生物はすべて同じ一つの始原の生命（微生物）から派生して進化・分化して今日見る多様な生物の姿になったとしか考えられません。

地球ができたのは約四六億年前ですが、生命が存在可能な温度域にまで冷えてきて海が安定して存在するようになったのは四四億年前でした。約二億年かかったわけです。そして最初の生命が生まれたのが約三八億年前です。そうすると、たかだか約六億年で生命が発生したことになります。

この時間は長いでしょうか、短いでしょうか？　ヒトのような高等生物とほぼ同じ精密な仕組みを持つ生物が、偶然の積み重ねでできあがるのには六億年という時間は十分だったのでしょうか？

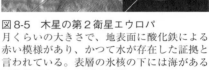

六億年で生命ができるなら、最初の生命が地球に出現して三八億年経過していますから、その間に何回も新たな生物が発生していてもおかしくありません。遺伝子がA、T、G、Cとは違う物質でできている生物や、D型アミノ酸を持つ生物、ケイ酸骨格を持つ生物が生まれてもいいはずです。しかしそのような形跡はどこにもありません。それでは、三八億年の年月をかけても生命は無生物から生まれないということなのでしょうか？

火星や、土星の衛星エンケラドス、木星の衛星のエウロパ（図８－５）には、地表を覆う氷の下や地殻内に液体の水が存在する可能性が指摘されています。水があれば、高等生物は無理にしても微生物なら生存している可能性は大いにあります。もし発見されたら、はたしてそれは地球の微生物とそっくりなのでしょうか、それともまったく違う生物でしょうか？

残念ながら、人類が初めて遭遇する地球外生命体は、タコのような形の生物でも緑色をした人型生物でもなく、イオウ酸化細菌のような地味な（!?）微生物である可能性が高いと多くの研究者は考えています。でもそれは、生命の謎を解き明かす大きな糸口になります。もし、エウロパなどで地球型の微生物が発見されたら、生命の発生は頻繁に起きるものではなく、宇宙のどこかでごくまれに生命誕生があって、それが宇宙に広がったという学説（パンスパーミア説）を支持します。しかし地球型生物とは根本的に作りが違っていたら、生命の誕生は条件さえ合えばどの星でも数億年程度で可能だということになります。

さあ、その答えがわかるのは、きっとそう遠くない未来です。そのときには、火星やエウロパの土壌微生物学ができるでしょうから、本書は『人に話したくなる地球土壌微生物の世界』と改名しましょう。

おわりに

本書は、筆者が学生たちや市民の方々に授業や講演で話していた内容などをまとめ直したものです。特に、蛍光染色という方法で土壌中の微生物を可視化した画像をたくさん紹介するよう努めました。幸い本書の口絵に多くの写真を掲載できて、希望がかなりかなえられました。これらの蛍光顕微鏡像は、筆者の研究室に所属する多くの学生さんたちの努力なしには得られなかったものばかりです。蛍光顕微鏡を日夜覗いている学生さんたちは、そのうち夜布団に入って目をつぶると、輝く銀河のような土壌微生物の輝きがまぶたの裏に広がるようになったと必ず言い出します。そうしたら「一人前の研究者になったね」と褒めてあげるのでした。顕微鏡下で輝いて見える様々な土壌微生物は、動植物やヒトへの貢献を考えると、まさに土の中の宝石です。

筆者は東京の江戸川区に生まれ育ちました。当時は高度成長時代の黎明期から隆盛期に当

たり、急激な経済成長の代償として公害と呼ばれる企業犯罪が多発し、環境汚染を介した健康被害と環境の破壊が相次ぎました。筆者の実家のすぐ近くには当時日本有数のクロム精製工場があり、製品はメッキやステンレス鋼の原料として高度成長を支えました。しかし工場全体から昼夜の別なく亜硫酸ガスが漏れ出していました（原石に含まれる硫化クロムを酸化法で精製して金属クロムを取り出すと、排ガスとして大量の亜硫酸ガスが発生するのです）。そのため付近では小児喘息が多発し、小学生だった筆者も重い喘息を患い苦しめられました。しかし当時は誰もその因果関係に気がつかなかったのでした。また、この工場からはクロム鉱滓という黄緑色を帯びた粘土状や砂礫状の廃棄物が大量に発生しましたが、これを人々はなんと好んで地域の校庭に撒き広げました。その上に砂を薄く撒いて整地するときれいな校庭ができあがり、雑草が生えにくくなったからです（クロムの毒性のせいです）。そのため、筆者の通った小中高校にはすべてクロム鉱滓が使われていましたが、その後、クロムの毒性が認識されるに至り、皆大騒ぎして校庭を掘り返し、クロム鉱滓を排除しました。今から考えると、黄緑色はクロムの色で、三価クロムなら毒性がないのですが、六価クロムは猛毒で発がん性もあります。六価クロムを含む鉱滓に由来する粉塵を子供たちがたくさん吸い込んでいたら、危ういところだったと思います。

この一件で筆者は環境問題を身をもって体験し、こういう問題を防ぐために環境科学者になりたいと強く思うようになりました。それは土壌微生物の研究者という形である程度かなえることができました。同時に、環境や健康に対する科学が進んで、それが人々に広く知られるようになると社会が進歩することも、クロム問題で学びました。科学は人々に広く知られるようになって初めて、その真価と恩恵が広く行き渡るのです。

さてヒトと微生物との関係は、今年（二〇二〇年）に入ってにわかに深刻な形で顕在化しました。言うまでもない新型コロナウイルス感染症（COVID-19）です。一九一八年に発生したスペイン風邪（A型インフルエンザウイルス感染症）レベルの一〇〇年ぶりの世界的なパンデミック（大流行）です。このウイルスが難物である理由は、単に病原性が強いということではありません。むしろ多くの人々にとっては軽症ですみ、一部のハイリスクグループ（免疫力の低い高齢者や基礎疾患のある方々）には致死的であることが問題なのです。激烈な感染症（たとえばコレラやペスト、ラッサ熱など）であれば、感染したら必ず発症し、誰の目にも明らかになるので患者をすぐに発見して隔離し病気を封じ込めることができます。しかし今回の感染症では、いつの間にか忍び寄ってきて、自分が感染しても発症せず無自覚のまま、大切な肉親や友人に広めてしまうという怖さがあります。

じつは新型コロナウイルスの本来の宿主《しゅくしゅ》（感染を受ける生物）は洞窟に棲むコウモリである可能性があります。それも、日本の洞窟にも普通にいる種類（キクガシラコウモリ）です。

本来、コウモリとヒトとの接点はとても少なく、洞窟で遭遇するか、熱帯の遺跡で目にする程度（第2章「世界遺産を蝕む微生物」）です。洞窟探検家は洞内でコウモリと遭遇したときは、刺激しないように近寄らないことをマナーとしています（特に冬眠中のコウモリを刺激すると消耗させて死なせてしまうことがあるからです）。アンコール遺跡群のコウモリは種類が違うので心配に及びませんが、糞が落ちているような環境はあまり良くないので、遺跡保護に加えて衛生面からも追い出し作戦が必要でしょう。

洞窟のコウモリは、子育てするときには数千頭から数万頭の大集団で密になって暮らします。そのとき、SARS-CoV に感染したコウモリがやってくると、感染しても症状が出ないため、このウイルスはコウモリ集団に広がっていきます。まさに「温床」です。

一部の国ではコウモリを食べる習慣がありますが、それはフルーツバットという種類で、大きくて見た目は怖そうですが、名前通りの果物食で、洞窟のコウモリとはまったく異なります。中国武漢市で最初の感染が起きたとき、食用コウモリから広がったという言説がありましたが、現在それは否定されています。コウモリとヒトを仲立ちする動物がいて、それが食用動物か愛玩動物として扱われていたため、ヒトと接触する機会があったのだろうと推測されています。いずれにせよ、洞窟のコウモリの生態を詳しく調査することは、このウイルスが二度とヒトの世界に侵入しないようにするために重要なことです。たとえば飛来パターンなど、移動範囲の詳細な調査も重要です。

このような新しいタイプの感染症に、ここしばらくは賢く付き合っていかなければなりません。その際にも、本書で紹介した微生物のエピソードのあれこれが間接的ではありますが参考になればと願っています。

ようやく本書が日の目を見ることができました。三年前に築地書館の土井二郎社長から執筆依頼を受けたものの、生来の筆の遅さから今日に至ってしまいました。なかなか原稿を出さない筆者を見捨てなかった土井社長と、辛抱強く的確な編集作業を重ねていただいた同社の黒田智美さんにはお詫びと大きな感謝を送ります。ごく親しい友人は筆者を「お染めさん」と呼びますが、自虐で「遅めさん」と自称はするものの、今回も度を外れており、皆様に顔向けできませんが、せめてもの出来栄えで（!?）お許しいただけたらと思います。

二〇二〇年七月　染谷　孝

参考文献

☆論文の多くは論文名でネットを検索すれば見つかります。

はじめに

石川雅之「もやしもん」コミック（一三巻、講談社）アニメDVD第一期四巻（一一話）・第二期六巻（一一話）

日本土壌微生物学会　第一回出前授業「土壌微生物の不思議で優れた働き」

第1章

天児和暢（二〇一四）レーウェンフックの微生物観察記録　日本細菌学雑誌六九（二）：三一五－三三〇

板野新夫（一九三一）輓近に於ける土壌微生物學研究の趨勢　農学研究（大原農業研究所）一七：二七九－二八八

染谷孝・犬伏和之・山本啓之・加藤憲二（一九九九）土壌・水圏におけるViable but nonculturable（VBNC）微生物の解析手法の進歩と課題：学際合同シンポジウム：「環境中の未知なる培養困難微生物へのアプローチ」報告　土と微生物五三（一）：四五－五一

ドーベル、クリフォード（天児和暢訳）（二〇〇三）『レーベンフックの手紙』九州大学出版会

日本土壌肥料学会編（二〇〇九）『土壌の原生動物・線虫群集――その土壌生態系での役割』博友社

日本微生物生態学会教育研究部会編著（二〇〇六）『微生物ってなに？――もっと知ろう！身近な生命』日科技連

出版社
日本微生物生態学会教育研究部会編（二〇〇四）『微生物生態学入門——地球環境を支えるミクロの生物圏』日科技連出版社
パストゥール（山口　清三郎訳）（一九七〇）『自然発生説の検討』岩波書店
服部勉（一九八七）『大地の微生物世界』岩波書店
服部勉・宮下清貴・齋藤明広（二〇〇八）『改訂版土の微生物学』養賢堂

第2章

AL-Museum 仮想博物館　ミクロの世界　服部勉代表　http://al-museum.sakura.ne.jp/html/jp/index.htm
小川真（二〇〇九）『森とカビ・キノコ——樹木の枯死と土壌の変化』築地書館
小川真（二〇一一）『菌と世界の森林再生』築地書館
小野寺良次監修・板橋久雄編（二〇〇四）『新ルーメンの世界——微生物生態と代謝制御』農山漁村文化協会
カッシンガー、ルース（井上勲訳）（二〇二〇）『藻類　生命進化と地球環境を支えてきた奇妙な生き物』築地書館
木村眞人（二〇〇八）水田土壌との四〇年近くを振返って　肥料科学三〇：一－六二
齋藤雅典編著（二〇二〇）『菌根の世界——菌と植物のきってもきれない関係』築地書館
JT生命誌研究館（二〇〇一）光合成—生きものが作ってきた地球環境　季刊生命誌三〇号　https://www.brh.co.jp/publication/journal/030/ss_index.html
園池公毅（二〇一八）初期地球環境の変遷とシアノバクテリア　生物工学九六（一一）：六二六－六二九
染谷孝（一九九七）土壌微生物の生態とその新しい研究手法　日本生態学会誌四七（一）：五九－六二
染谷孝・王暁丹・龔春明・越田淳一・中川秀明・田中智佳子・石橋正文・横堀加奈里・井上興一（二〇〇三）蛍光染色による土壌・堆肥中の特異的微生物検出技術　土と微生物五七（二）：一一五－一二三
染谷孝（二〇一三）土の微生物　地球生命を支える小さな巨人：第一回三月一週号、第二回三月二週号、第三回三月三週号、第四回三月四週号、第五回四月一週号、第六回四月二週号、第七回四月三週号、第八回四月四週号、第九回五月一週号、第一〇回五月二週号、第一一回五月三週号、第一二回五月四週号　農業共済新聞　全国農

業共済協会
ダーウィン、チャールズ（渡辺弘之訳）（一九九四）『ミミズと土』平凡社
ダーウィン、チャールズ（渡辺政隆訳）（二〇二〇）『ミミズによる腐植土の形成』光文社
十勝農業協同組合連合会　まめぞう　https://www.nokyoren.or.jp/material/material-mamezou/
豊田剛己編（二〇一八）『土壌微生物学』（実践土壌学シリーズ）朝倉書店
中井亮佑（二〇一八）『追跡！辺境微生物――砂漠・温泉から北極・南極まで』築地書館
西尾敏彦（二〇〇二）水田土壌学を大成～塩入松三郎の「全層施肥」～（公社）農林水産・食品産業技術振興協会　読み物コーナー（農業共済新聞　二〇〇二年五月一五日より転載）https://www.jataff.jp/senjin2/38.html
ハスケル、D・G（三木直子訳）（二〇一三）『ミクロの森――1㎡の原生林が語る生命・進化・地球』築地書館
藤原俊六郎・安西徹郎・小川吉雄・加藤哲郎（二〇一七）『トコトンやさしい土壌の本』（今日からモノ知りシリーズ）日刊工業新聞社
古坂澄石（一九九六）水田土壌微生物事始めと裏話　肥料科学一八：二三－四三
丸本卓哉・河野伸之・江崎次夫・岡部宏秋（一九九九）火山灰荒廃地の菌根菌利用による植生復元　土と微生物五三（二）：八一－九〇
南澤究　根粒菌とマメ科作物の相互作用　http://www.ige.tohoku.ac.jp/chiken/research/image/Interaction.pdf
モントゴメリー、デイビッド（片岡夏実訳）（二〇一〇）『土の文明史――ローマ帝国、マヤ文明を滅ぼし、米国、中国を衰退させる土の話』築地書館
山本一夫・丸本卓哉・岡部宏秋・市村正彦・新見芳則・尾崎新・大久保剛・植木寿朗・関山真一・立脇真悟（二〇〇六）雲仙普賢岳水無川本流の乾式航空緑化工における施工一〇年後の土壌の肥沃度及び植生定着　日本緑化工学会誌三二（一）：一九五－一九八
渡辺弘之（二〇一一）『土のなかの奇妙な生きもの』築地書館

第3章

表3－1　農山漁村文化協会編（二〇〇七）染谷孝　堆肥化促進微生物資材の動向と評価―蛍光染色法などによる

評価『肥料・土つくり資材大事典――化学肥料・有機質肥料・土壌改良材・堆肥素材・用土』一〇三一－一〇四二　農山漁村文化協会

亀岡俊則（２００６）：メタン発酵処理技術の現状と課題，畜産環境情報 35号，3-9. https://www.leio.or.jp/pub_train/publication/tkj/tkj35/tokus1_35.pdf

嶋谷智佳子・橋本知義・岡紀邦・竹中眞（二〇一〇）微生物資材の圃場試験による効果判定の試み　日本土壌肥料學雑誌八一（二）：一四八－一五二

全国土壌改良資材協議会（二〇〇九）全国土壌改良資材協議会微生物資材部会の自主表示基準　http://japan-soil.info/DOKAI/?page_id=86

染谷孝（二〇一三）土の微生物　地球生命を支える小さな巨人：第一四回六月二週号、第一五回六月三週号、第一六回六月四週号、第一九回七月三週号、第二〇回七月四週号　農業共済新聞　全国農業共済協会

モントゴメリー、デイビッド（片岡夏実訳）（二〇一〇）『土の文明史――ローマ帝国、マヤ文明を滅ぼし、米国、中国を衰退させる土の話』築地書館

成澤才彦（二〇一一）『エンドファイトの働きと使い方――作物を守る共生微生物』農山漁村文化協会

日本土壌肥料学会（一九九六）公開シンポジウム「微生物を利用した農業資材の現状と将来」http://jsspn.jp/file/pdf5_sympo1996.pdf

橋本知義・Park Kwang-Lai（二〇一五）韓国における土壌微生物資材の利用状況とその認証制度　植物防疫六九（三）：一八八－一九一

本間義久（一九八八）第４回植物生育促進性根圏細菌（ＰＧＰＲ）に関する国際ワークショップ　植物防疫五二（三）：一五四－一五五

牧孝昭（二〇〇二）光合成細菌利用技術―水処理および多目的な利用技術の構築　環境技術三一（四）：二九五－三〇一

第４章

環境省　環境ビジネスの先進事例集　File 12　水・土壌　株式会社バイオレンジャーズ（東京都）微生物を活用し

た低環境負荷・低コストな汚染浄化サービスを提供　https://www.env.go.jp/policy/keizai_portal/B_industry/frontrunner/reports/h29engine_12bio-rangers.pdf
久保幹・森崎久雄・久保田謙三・今中忠行（二〇一二）『環境微生物学——地球環境を守る微生物の役割と応用』化学同人
経済産業省・環境省（二〇〇五）微生物によるバイオレメディエーション利用指針　https://www.env.go.jp/air/tech/bio/an050330.pdf
国立環境研究所（二〇〇九）環境技術解説「バイオレメディエーション」https://tenbou.nies.go.jp/science/description/detail.php?id=53
産業技術総合開発機構技術評価委員会　第1回「土壌汚染等修復技術開発」（事後評価）分科会　発表資料（1）https://www.nedo.go.jp/content/100087316.pdf
新エネルギー・産業技術総合開発機構技術評価委員会「土壌汚染等修復技術開発」（事後評価）技術評価分科会（二〇〇一）「土壌汚染等修復技術開発」事後評価書（案）. https://www.nedo.go.jp/content/100087324.pdf
（独）製品評価技術基盤機構　日本における石油流出事故とバイオレメディエーション　https://www.nite.go.jp/nbrc/industry/other/bioreme2009/knowledge/realbioremediation/realbioremediation_4.html
ナホトカ号海洋油汚染バイオレメディエーション研究会（一九九八）「バイオレメディエーションによる海洋汚染対策——ナホトカ号重油流出事故への適用」

第5章

岩田健太郎（二〇一五）『絵でわかる感染症 withもやしもん』講談社
大道公秀（二〇一九）『食品衛生入門——過去・現在・未来の視点で読み解く』近代科学社Digital
左巻健男編著（二〇一九）『超・図解　身近にあふれる「微生物」が3時間でわかる本——思わずだれかに話したくなる』明日香出版社
染谷孝（二〇一二）生鮮野菜による食中毒を防ぐ　食品と容器五三（六）：三八五－三九一
染谷孝（二〇一三）土の微生物　地球生命を支える小さな巨人：第一七回七月一週号、第一八回七月二週号、第二

二回八月二週号　農業共済新聞　全国農業共済協会
染谷孝・井上興一（二〇〇三）堆肥施用と病原菌汚染　農業技術体系　土壌肥料編　追録一四号　第七－①巻　資材六四の八四－九八　農山漁村文化協会
中臣昌広（二〇一三）『レジオネラ症対策のてびき』日本環境衛生センター

第6章

表6－1　（社）日本施設園芸協会（二〇〇三）生鮮野菜衛生管理ガイド─生産から消費まで　（社）日本施設園芸協会・農林水産省　https://www.maff.go.jp/j/syouan/nouan/kome/k_yasai/pdf/guide.pdf
表6－2　日本土壌協会（二〇一〇）『堆肥等有機物分析法　二〇一〇年版』日本土壌協会
表6－3　松田明（一九八一）土壌伝染病の生態的防除手段としての輪作と有機物施用　植物防疫三五（三）：一〇八－一一四
井上高一・関口達彦・木村俊範（二〇〇一）家庭用生ごみ処理機における環境因子の変化と細菌相の変化　日本微生物生態学会誌一六（一）：四－一二
岩田進午・綱島不二雄監修、有機農産物普及堆肥化推進協会編（二〇〇二）『これでわかる生ごみ堆肥化Q&A──知っておきたい88の理論と実践』合同出版
NPO法人生ごみリサイクル全国ネットワーク　生ごみカラットで温暖化対策しませんか　http://www.namagomi-rz.sakura.ne.jp/2017-3-30.pdf
NPO法人伊万里はちがめプラン　https://www.hachigame-plan.org/
後藤逸男監修（二〇一二）『イラスト　基本からわかる堆肥の作り方・使い方』家の光協会
染谷孝（二〇一三）土の微生物　地球生命を支える小さな巨人：第一三回六月一週号　農業共済新聞　全国農業共済協会
染谷孝（二〇一五）生ごみリサイクル基礎講座vol.4, 第1回「生ごみ堆肥のパイオニア、伊万里はちがめプラン」月間廃棄物四一（八）三八－四一
染谷孝（二〇一五）生ごみリサイクル基礎講座vol.5, 第2回「堆肥の微生物学」月間廃棄物四一（九）：三二－三

五
染谷孝（二〇一五）生ごみリサイクル基礎講座 vol.6, 第3回「家庭でつくる生ごみ堆肥（1）」月間廃棄物四一（一〇）：五〇－五三
染谷孝（二〇一五）生ごみリサイクル基礎講座 vol.7, 第4回「家庭でつくる生ごみ堆肥（2）」月間廃棄物四一（一一）：三〇－三三
染谷孝（二〇一六）堆肥を生かす：第一回七月四週号、第二回八月四週号、第三回九月四週号、第四回一〇月四週号、第五回一一月四週号　農業共済新聞　全国農業共済協会
染谷孝（二〇一七）堆肥を生かす：第六回一月四週号、第七回二月四週号、第八回三月四週号　農業共済新聞　全国農業共済協会
染谷孝（二〇一七）拮抗菌たっぷりのカヤで作物が強くなる――野草堆肥の秘密を探る　現代農業九六（一〇）一一四－一一九　農山漁村文化協会
東京農大発（株）全国土の会　生ごみ肥料「みどりくん」が有機質肥料の仲間入りをします。http://tsutinokai.co.jp/%E7%94%9F%E3%81%94%E3%81%BF%E8%82%A5%E6%96%99%E3%80%8C%E3%81%BF%E3%81%A9%E3%82%8A%E3%81%8F%E3%82%93%E3%80%8D%E3%81%8C%E6%9C%89%E6%A9%9F%E8%B3%AA%E8%82%A5%E6%96%99%E3%81%AE%E4%BB%B2%E9%96%93%E5%85%A5%E3%82%8A%E3%82%92%E3%81%97%E3%81%BE%E3%81%99%E3%80%82
農林水産省　農山漁村ナビ　生ゴミの堆肥化による環境活動　https://www.nou-navi.maff.go.jp/case/detail/59/
農林水産省消費・安全局農産安全管理課（二〇〇四）安全な農産物を生産するための適正農業規範（ＧＡＰ）の取り組み　https://www.maff.go.jp/j/syouan/johokan/risk_comm/r_kekka_nouyaku/h160317/pdf/data.pdf
藤原俊六郎（二〇〇三）『堆肥のつくり方・使い方――原理から実際まで』農山漁村文化協会
有機農産物普及・堆肥化推進協会編（二〇一六）『やってみませんかダンボールコンポスト――生ごみを土に還してやさしい生活』合同出版

第7章

伊藤田直史・後藤聡編著（二〇一八）『洞窟の疑問30――探検から観光、潜む生物まで、のぞきたくなる未知の世

界』（みんなが知りたいシリーズ7）成山堂書店

吉村和久・浦田健作・染谷孝（一九八九）洞窟鉱物生成に果たすコウモリグアノの役割　日本洞窟学雑誌一四四〇－五〇

吉村和久・染谷孝・浦田健作（一九九五）陸域における炭酸塩の無機的沈殿とそれに及ぼす生物作用　月刊地球一七：六七七－六八二

吉村和久・井上眞理・染谷孝他（一九九六）山口県秋芳洞洞口のトゥファ形成に及ぼすシアノバクテリアの寄与　日本洞窟学雑誌二〇：二七－三七

第8章

図8－2　Alex D. Rogers, Paul A. Tyler, Douglas P. Connelly, Jon T. Copley, Rachael James, Robert D. Larter, Katrin Linse, Rachel A. Mills, Alfredo Naveira Garabato, Richard D. Pancost, David A. Pearce, Nicholas V. C. Polunin, Christopher R. German, Timothy Shank, Philipp H. Boersch-Supan1, Belinda J. Alker, Alfred Aquilina, Sarah A. Bennett, Andrew Clarke, Robert J. J. Dinley, Alastair G. C. Graham, Darryl R. H. Green, Jeffrey A. Hawkes, Laura Hepburn, Ana Hilario, Veerle A. I. Huvenne, Leigh Marsh, Eva Ramirez-Llodra, William D. K. Reid, Christopher N. Roterman, Christopher J. Sweeting, Sven Thatje, Katrin Zwirglmaier (2012) The Discovery of new deep-sea hydrothermal vent communities in the southern ocean and implications for biogeography, PLoS Biology, 10: 1-17

図8－3　Engel, Annette S.（2007）: Observations on the biodiversity of sulfidic karst habitats. Journal of Cave and Karst Studies, 69（1）: 187-206.

図8－4　大村隆・東英一・山上貴幸・和田一育・井上朝哉（二〇〇六）人類未踏に挑む地球深部探査船〝ちきゅう〟の最新技術　三菱重工技報　四三：二一－二三

図8－5　NASA, Europa Clipper, Blocks in the Europan crust provide more evidence of subterranean ocean. https://europa.nasa.gov/resources/157/blocks-in-the-europan-crust-provide-more-evidence-of-subterranean-ocean/

染谷孝（二〇一三）土の微生物　地球生命を支える小さな巨人：第二一回八月一週号　農業共済新聞　全国農業共済協会
高井研（二〇一三）『微生物ハンター、深海を行く』イースト・プレス
高井研（二〇一八）『生命の起源はどこまでわかったか――深海と宇宙から迫る』岩波書店
長沼毅（二〇一〇）『生命の起源を宇宙に求めて――パンスペルミアの方舟』化学同人
ホワイトハウス、デイビッド（江口あとか訳）（二〇一六）『地底――地球深部探求の歴史』築地書館

あとがき

岩田健太郎編集主幹（二〇二〇）J-IDEO+（ジェイ・イデオＰＬＵＳ）「新型コロナウイルス感染症（COVID-19）」中外医学社
田尻宗昭（一九八〇）『公害摘発最前線』岩波書店

腐生菌類　30
普通肥料　94
物理的処理法　76
腐葉土　114
古坂澄石　15
鞭毛　10
ボツリヌス菌　87

【ま行】
マイクロコロニー　46
マニュア　94
マメ科植物　15
丸本卓哉　32
密閉方式　97
みどりくん　127
ミドリムシ　10
ミミズ　41
ムーンミルク　154
無効根粒　28
メタボ土壌　128
メタンガス　67
メタン生成菌　iii
メタン発酵　iii
メチルメルカプタン　96
免疫系　89
もみ殻薫炭　114
森の再生　32

【や行】
野草堆肥　109
ユーグレナ　10
有効根粒　ii, 28
ユレモ　33
陽イオン交換体　58
陽イオン交換容量（CEC）　102
吉村和久　152

【ら行】
酪酸　24, 96
藍藻　32
リグニン　108
リステリア　90
リゾクトニア　63
リムストーンプール　153
硫化水素　52, 96
硫化鉄　52
硫酸還元菌　52
硫酸呼吸　53
緑化バッグ　32
リン酸　29, 71, 105
リン溶解菌　63
ルーメン　24
冷却塔　85
レーウェンフック、アントニー・ファン　11
レグヘモグロビン　39
レジオネラ菌　84
連作障害　18
老朽化水田　53
ロータリー方式　97
ロザムステッド試験場　42
六価クロム　172

【わ行】
ワクスマン、セルマン・A　14

窒素固定　26
チフス菌　13
チムニー　162
超好熱菌　9
低栄養性細菌　44
低温殺菌法　12
低級脂肪酸　96
テラフォーマー　34
デンプン　68
田面水　19, 49
洞窟　2, 143
洞窟微生物　146
トゥファ　147, 150
糖類　96
特殊肥料　94
土壌　18
土壌団粒　41
土石流　30
トラバーチン　154
トリクロロエチレン　78
トリコデルマ　112
トルエン　78

【な行】

納豆菌　1
ナホトカ号　72
生ごみ　66
生ごみカラット　130
生ごみステーション　134
乳酸　24
乳酸菌　1, 59
熱水鉱床　160, 166

【は行】

バイエリンク、マルティヌス　77
バイオエタノール　67
バイオオーグメンテーション　74
バイオスティミュレーション　71, 79
バイオディーゼル　67, 132
バイオマス　67
バイオマット　162
バイオレメディエーション（バイレメ）　70, 73
廃食用油　132
パイル方式　96
ハオリムシ　iv, 162
白鳥の首　11
バクテリア　9
バクテリオクロロフィル　iii, 64
破傷風菌　13
パスツーリゼーション　12
パスツール、ルイ　11
はちがめエコこミねっと　137
蜂蜜　88
発酵酒　1
発酵食品　1
発酵調味料　1
服部勉　45
発病抑止型土壌　108
バルディーズ号　70
パンデミック　173
ピートモス　113, 120
火入れ　12
干潟　51
光カルスト　147
微生物　2
微生物資材　55
微生物製剤　2, 58
微量養分　29
黄龍　153
富栄養化　47, 75
普賢岳　30
フザリウム　63
腐植物質　102

シアノバクテリア　27
塩入松三郎　50
志賀潔　13
自家蛍光物質　iii
シゲラ　13
糸状菌　9, 40
自然発生説　12
脂肪類　96
集積培養　78
循環式温泉施設　85
純粋培養　22
硝化　49, 100
硝化菌　36, 49, 101
硝酸化成　49, 100
硝酸化成菌　49
硝酸呼吸　48, 53
硝酸態窒素　47, 49
小児喘息　172
鍾乳石　143
食中毒菌　89
植物生育阻害物質　98
植物生育促進根圏微生物　63
植物生育促進微生物　62
植物病原菌　1, 20, 62
植物プランクトン　10
九寨溝　153
新型コロナウイルス感染症　173
真空包装　88
人工的窒素固定法　27
水前寺海苔　34
スクープ方式　97
ストレプトマイシン　14
ストレプトマイセス　150
スプラウト　90
生菌率　57
生鮮野菜　90
生鮮野菜衛生管理ガイド　103
生物的鉱物化作用　153
生物的窒素固定　27
石油汚染　76
赤痢菌　13
石灰華　154
石灰岩　144
石膏　157
セルラーゼ　23
セルロース　24
セルロース分解菌　26
セレウス菌　56, 86
全国土壌改良資材協議会　56
全層施肥法　50
繊毛虫　9
そうか病　41
藻類　10
即効性　106

【た行】

ダーウィン、チャールズ　41
堆肥　91
堆肥ボックス　123
高井康雄　50
脱酸素剤　20
脱窒　47
脱窒菌　ii, 47
種菌　99
炭酸カルシウム　144
炭酸水　143
担子菌類　29
炭疽菌　iii, 86
炭素固定　165
タンパク質　96, 100
段ボールコンポスト　112
地衣類　34
地球深部探査船「ちきゅう」　165
窒素ガス　47

【か行】

界面活性剤　71
化学合成独立栄養菌　161
家畜ふん　66
芽胞　87
辛子レンコン　88
カレン　147
還元層　50
還元鉄　49
緩効性　106
完熟堆肥　99
寒天　21
寒天培地　21
還流土壌装置　78
希釈平板法　14, 21
北里柴三郎　13
キチン　112
拮抗菌　102, 108
キノコ　9, 29
牛ふん　91
牛ふん堆肥　iv
共生　26
共生菌　29
共生菌類　30
強制通気方式　98
切り返し　95, 116
菌根菌　29
菌糸　29
菌類　9
グアノ　37
空中緑化　30
組み換え微生物　82
グルコース　24
クロム鉱滓　172
グロムス　41
クロレラ　10
蛍光顕微鏡　16
蛍光色素　16
蛍光性シュードモナス　110
蛍光染色　2
下水汚泥　68
結核菌　13
原生動物　9
公害　172
好気性菌　20
好気的　49
光合成　10, 33, 65
コウジカビ　1
紅色イオウ細菌　65
紅色非イオウ細菌　iii, 65
抗生物質　14
口蹄疫　11
酵母菌　1, 9
古細菌　9
後藤逸男　127
コマツナ発芽試験　103
米ぬか　115
コレラ菌　13
コロニー　21
コンポスター　124
コンポスト　94
根粒菌　15

【さ行】

細菌　9
在郷軍人病　84
サイレージ　60
酢酸　24
酢酸菌　12
サツマハオリムシ　iv, 163
酸化層　49
酸化鉄　49
サンゴ虫　34
酸素呼吸　39, 48

索引

【A～Z、1～9】
CFDA　43
CFDA法　ii
DNA　167
DVC法　46
EB/CFDA二重蛍光染色　ii, iii
EB法　ii, 43
CEC → 陽イオン交換容量 参照
FISH　iii
JAMSTEC　165
MPN法　48
NEDO（新エネルギー・産業技術総合開発機構）　79
PA（社会的合意）　83
PGPM → 植物生育促進微生物 参照
PGPRM → 植物生育促進根圏微生物 参照
24時間風呂　85

【あ行】
アーキア　9
赤菌　iii
赤潮　47, 75
秋落ち　51
秋芳洞を調べる会　153
秋芳洞　150
アグロバクテリウム　110
浅漬け　90
亜硝酸酸化菌　49
亜硝酸態窒素　49
アスペルギルス　38
アゾトバクター　27
アナベナ　34
アメーバ　9
アンコール遺跡群　35
アンモニア酸化菌　49, 100
アンモニア態窒素　26, 50, 102
イソ吉草酸　96
板野新夫　15
遺伝子解析　16
遺伝子組み換え菌　82
伊万里はちがめ教室　137
伊万里はちがめプラン　99, 132
インキュベーター　21
インフルエンザ　11
ウイルス　11
栄養塩類　71
易分解性有機物　96
エタノール　68
エチジウムブロミド（EB）　43
オートクレーブ　21
オゾン層　33
オッペンハイマー・フォーミュラ　72
汚泥発酵肥料　94

著者紹介

染谷　孝（そめや・たかし）

1953年東京下町に生まれる。

東京教育大学農学部生物化学工学科卒業。

東北大学大学院農学研究科農芸科学専攻修了、農学博士。

1982年より産業医科大学医療技術短期大学微生物学助手のち講師。

1994年から佐賀大学農学部助教授のち准教授を経て教授。

2019年定年退職、名誉教授。

引き続き招聘教授として研究に携わる（堆肥や野草に含まれる拮抗菌の解明と応用）。

専門は土壌微生物学、環境微生物学。

日本洞窟学会会長、廃棄物資源循環学会九州支部長を歴任。

ケイビング（洞窟探検）は趣味と仕事を兼ね、会員50名を超える市民ケイビングクラブ「カマネコ探検隊」の事務局長。

土壌微生物学や微生物資材に関する論文多数。

森田智有，龍田典子，田代暢哉，上野大介，染谷 孝（2020）：揮発性抗菌物質生産菌によるハウスミカン汚損防止の基礎的研究，環境技術，49: (2), 98-106

Kiyoshi Sato, Yoshiyuki Taniyama, Ayami Yoshida, Kazuhiko Toyomasu, Noriko Ryuda, Daisuke Ueno & Takashi Someya (2019): Protozoan predation of *Escherichia coli* in hydroponic media of leafy vegetables. Soil Science and Plant Nutrition,65: (3), 234-242.

染谷　孝（2012）：生鮮野菜による食中毒を防ぐ. 食品と容器, 53: (6) 6月, 385-391.

人に話したくなる土壌微生物の世界
食と健康から洞窟、温泉、宇宙まで

2020年 9 月30日　初版発行
2023年12月27日　５刷発行

著者　染谷孝
発行者　土井二郎
発行所　築地書館株式会社
東京都中央区築地7-4-4-201　〒104-0045
TEL 03-3542-3731　FAX 03-3541-5799
http://www.tsukiji-shokan.co.jp/
振替 00110-5-19057
印刷・製本　中央精版印刷株式会社
装丁　秋山香代子

© Takashi Someya, 2020 Printed in Japan　ISBN978-4-8067-1607-5

・本書の複写、複製、上映、譲渡、公衆送信（送信可能化を含む）の各権利は築地書館株式会社が管理の委託を受けています。
・JCOPY〈（社）出版者著作権管理機構 委託出版物〉
本書の無断複製は著作権法上での例外を除き禁じられています。複製される場合は、そのつど事前に、（社）出版者著作権管理機構（電話 03-3513-6969、FAX 03-3513-6979、e-mail: info@jcopy.or.jp）の許諾を得てください。

●築地書館の本

菌根の世界

菌と植物のきってもきれない関係

齋藤雅典［編著］　二四〇〇円＋税

緑の地球を支えているのは菌根だった（菌根とは、菌類と植物の根の共生現象のこと）。日本を代表する菌根研究者七名が、多様な菌根の世界を総合的に解説した日本で初めての本。

生物界をつくった微生物

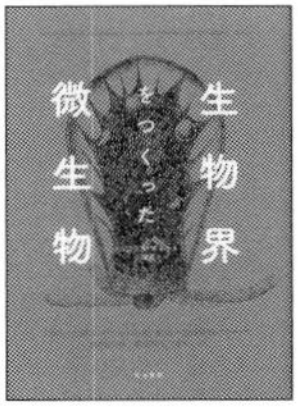

ニコラス・マネー［著］　小川真［訳］　二四〇〇円＋税

人体、樹木、海水や海底の泥、土壌や湖沼や河川、大気などのすべてが、微生物に満ちている。葉緑体からミトコンドリアまで、生物界は微生物の集合体であり、動物や植物は、微生物が支配する生物界のほんの一部にすぎない。肉眼では見えない小さな生物の大きな世界へ誘う。

もっと菌根の世界

知られざる根圏のパートナーシップ

齋藤雅典［編著］　二七〇〇円＋税

陸上植物の八割以上は菌根菌と共生しているが、この関係は、利益をもたらさない相手に制裁を加えたり、相手を騙して寄生したりするシビアさも併せ持つ。研究者一二名が様々な角度から描いた一冊。

土・牛・微生物

文明の衰退を食い止める土の話

D・モントゴメリー［著］　片岡夏実［訳］　二七〇〇円＋税

足元の土と微生物をどのように扱えば、世界中の農業が持続可能で、農民が富み、温暖化対策になるのか。深刻な食糧問題、環境問題を正面から扱いながら、希望に満ちた展望を持てる希有な本。